全彩印刷

Ps

和秋叶一起学

秒懂

Photoshop

图像处理

☑秋叶 ☑朱超 编著

U0300205

人民邮电出版社

北 京

图书在版编目（CIP）数据

和秋叶一起学：秒懂Photoshop图像处理 / 秋叶，
朱超编著. -- 北京：人民邮电出版社，2022.2（2024.7重印）
ISBN 978-7-115-57862-4

Ⅰ. ①和… Ⅱ. ①秋… ②朱… Ⅲ. ①图像处理软件
Ⅳ. ①TP391.413

中国版本图书馆CIP数据核字(2021)第231216号

内 容 提 要

如何从 Photoshop 新手成长为 Photoshop 能手，快速解决生活和职场中各种各样的图像处理问题与难题，就是本书所要讲述的内容。

本书收录了生活和工作场景中常用的 Photoshop 图像处理技巧，每个技巧都配有清晰的使用场景说明、详细的图文操作说明及配套练习与动画演示，能够全方位展示 Photoshop 软件的图像处理功能，帮助读者结合实际应用，高效使用软件，快速解决问题。

本书从初学者的知识水平出发，内容从易到难，语言通俗易懂，能让初学者轻松理解各个知识点，快速掌握生活和职场必备技能。本书大部分案例来源于真实职场，职场新人系统地阅读本书，可以节约在网络上搜索答案的时间，提高工作效率。

◆ 编　著　秋　叶　朱　超
　　责任编辑　李永涛
　　责任印制　王　郁　彭志环
◆ 人民邮电出版社出版发行　　北京市丰台区成寿寺路 11 号
　邮编　100164　　电子邮件　315@ptpress.com.cn
　网址　https://www.ptpress.com.cn
　　廊坊市印艺阁数字科技有限公司印刷
◆ 开本：880×1230　1/32
　印张：5.375　　　　　　　　2022 年 2 月第 1 版
　字数：149 千字　　　　　　 2024 年 7 月河北第 18 次印刷

定价：49.90 元

读者服务热线：(010)81055410　印装质量热线：(010)81055316
反盗版热线：(010)81055315
广告经营许可证：京东市监广登字 20170147 号

目　录
CONTENTS

▶▶ 绪　论 ◀◀

这是一本适合"碎片化"学习的职场技能图书。

市面上大多数的职场技能类书籍，内容偏学术化，不太适合职场新人"碎片化"阅读。对于急需提高职场技能的职场新人而言，并没有很多的"整块"时间去阅读、思考、记笔记，他们更需要的是可以随用随查、快速解决问题的"字典型"技能图书。

为了满足职场新人的办公需求，我们策划编写了本书，对职场人关心的痛点问题一一解答，希望能让读者无须投入过多的时间去思考、理解，翻开书就可以快速查阅，及时解决工作中遇到的问题，真正做到"秒懂"。

本书具有"开本小、内容新、效果好"的特点，紧紧围绕"让工作变得轻松高效"这一编写宗旨，根据职场新人 Photoshop 图像处理的"刚需"设计内容。在提供解决方案的同时还做到了全面体现软件的主要功能和技巧，让读者在解决问题的过程中，不仅知其然，还知其所以然。本书在撰写时遵循以下两个原则。

（1）内容实用。为了保证内容的实用性，书中所列的技巧大多来源于真实的需求场景，汇集了职场新人最为关心的问题。同时，为了让本书更有用，我们还查阅了抖音、快手上的各种热点技巧，并择要收录。

（2）查阅方便。为了方便读者查阅，我们将收录的技巧分类整理，使读者在看到标题的一瞬间就知道对应的知识点可以解决什么问题。

我们希望本书能够满足读者的"碎片化"学习需求，帮助读者及时解决工作中遇到的问题。

做一套图书就是打磨一套好的产品。希望秋叶系列图书能得到读者发自内心的喜爱及口碑推荐。

　　我们将精益求精，与读者一起进步。

　　最后，我们还为读者准备了一份惊喜！

　　用微信扫描下方二维码，关注公众号并回复"秒懂图像处理"，可以免费领取我们为本书读者量身定制的超值大礼包：

70 个配套操作视频

50 套实战练习案例文件

15 篇原创精品 Photoshop 教程

100 套实用 Photoshop 笔刷

200 个免费可商用中文字体

300 个精美渐变预设

还等什么，赶快扫码领取吧！

和秋叶一起学

秒懂 **Photoshop**
图像处理

▶▶ 第 1 章 ◀◀
Photoshop 基础操作

本章介绍 Photoshop 中常用的基础操作，包括文件的新建、导出与保存，界面与视图的基本操作等。

扫码回复关键词【秒懂图像处理】，观看配套视频课程

1.1 文件的新建、导出与保存

在 Photoshop 中打开文件，导出为我们需要的格式的文件，以及保存源文件是我们首先需要了解的内容。

01 如何使用 Photoshop 快速打开图片？

计算机本地文件夹中有一张图片，如何在 Photoshop 中打开呢？

方法一：直接拖入法

1 打开 Photoshop，停留在新建页面。

2 打开存放图片的文件夹，选中图片后按住鼠标左键将其拖曳到 Photoshop 界面中，释放鼠标左键，图片就在 Photoshop 中打开了。

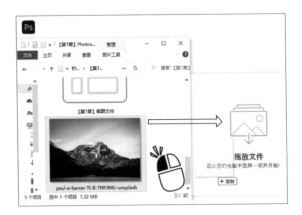

方法二：直接打开法

1 选择【文件】-【打开】命令。

2 在弹出的对话框中找到图片在计算机中的存储位置，选择图片，单击【打开】按钮。

02 如何新建一个 A4 纸张大小的文档?

要制作一张 A4 纸张大小的海报，如何将文档尺寸设置为 A4 纸张大小呢？

方法一：菜单栏新建法

1 选择【文件】-【新建】命令。

2 在弹出的对话框中将【文档类型】设置为【国际标准纸张】，大小
选择【A4】，单击【确定】按钮。

方法二：主页新建法

1 单击 Photoshop 主页左侧的【新建】按钮。

2 在弹出的对话框中选择【打印】选项卡，单击【A4】选项。

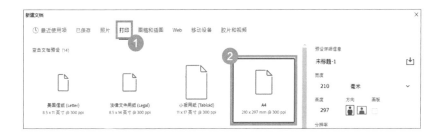

03 如何设置自动保存，以免文件意外丢失？

在使用 Photoshop 的过程中可能会遇到各种意外情况，为了避免制作的文档因为意外而丢失，可以设置 Photoshop 自动保存。

1 打开 Photoshop，按快捷组合键【Ctrl】+【K】调出【首选项】面板。

2 在左侧单击【文件处理】选项，然后勾选【后台存储】及【自动存储恢复信息的间隔】复选框，并将间隔时间改为"5 分钟"。

04 如何导出文件大小小于 100KB 的图片？

在网上进行考试报名时，网站会要求上传的证件照片大小不能超过 100KB，那该如何实现呢？

1 在 Photoshop 中打开一张照片。

2 选择【文件】-【导出】-【存储为 Web 所用格式（旧版）】命令。

3 选择右侧的【优化菜单】-【优化文件大小】命令。

4 因为文件的大小要小于 100KB，所以【所需文件大小】的数值要小于"100"，如"95"，单击【确定】按钮。

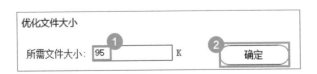

5 选择想要保存的格式，如 JPEG，单击【存储】按钮（预览区左下角可以实时看到图片文件的大小）。

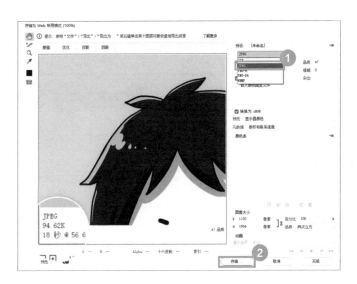

05 如何将文档保存为可再次编辑的 Photoshop 工程文件?

为了随时能够对 Photoshop 文档进行再次修改，需要将文档保存为可编辑的格式，应该如何设置呢？

1 选择【文件】-【存储】命令。

② 保存类型选择【Photoshop】，单击【保存】按钮。

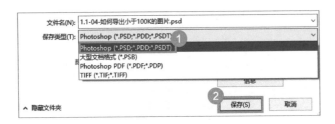

1.2 界面与视图操作

为了更高效地在 Photoshop 中操作，我们可以对 Photoshop 的界面布局进行调整，以及在操作过程中随时改变视图大小，从而使其符合自己的操作习惯。

01 如何自定义布局 Photoshop 中的面板？

Photoshop 中有很多功能集合在特定的面板里，那么如何调出它们并自定义布局呢？

① 在【窗口】菜单中选择需要的面板命令，如【动作】命令。

2 界面上会弹出对应的【动作】面板。将鼠标指针放在面板标题栏中，按住鼠标左键拖动面板，在靠近其他面板边缘时，会出现光条，表示可以被吸附。

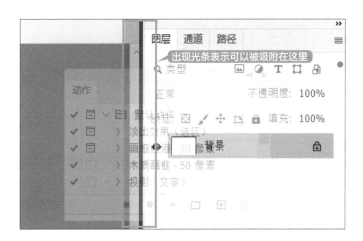

3 释放鼠标左键，新面板就吸附在了已有面板的边缘。

如果将面板拖动到已有面板的名称后面，可以实现多个面板的合并。

02　Photoshop 的界面布局乱了，如何恢复成原来的样子?

在操作过程中因为频繁调整，Photoshop 的界面布局被打乱，怎么恢复到原来的样子呢?

选择【窗口】-【工作区】-【复位基本功能】命令即可将界面恢复到初始状态。

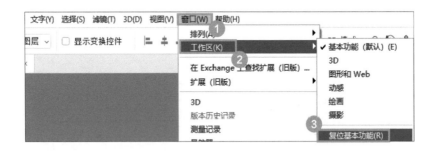

03　如何保存自己布局好的工作区?

Photoshop 的界面布局可以自定义，如何把自己习惯的布局保存，能够在被意外调整后快速恢复呢?

1 选择【窗口】-【工作区】-【新建工作区】命令。

2 在【名称】栏输入自定义的名称，如"常用"，单击【存储】按钮。

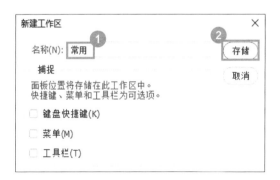

3 选择【窗口】-【工作区】-【常用】命令，即可调用自定义的工作区。

04　图片细节看不清，如何放大视图？

当我们想对图像的局部进行精细化的操作时，需要放大视图，完成后再缩小到正常比例，如何快速操作呢？

方法一：工具法

1 在 Photoshop 中打开一张图片，选择【缩放工具】。此时【缩放工具】默认的是放大视图功能。

2 在需要放大的位置单击，视图就会放大一定倍数。多次单击，画布不断放大。

3 按住【Alt】键再单击，切换为缩小视图功能。

方法二：快捷键法

按快捷键【Alt】+ 鼠标滚轮，即可快速放大（向前滚）或缩小（向后滚）视图。

05　视图放大后，如何移动画布进行观察？

当我们将视图放大后，想上下左右平移画布，去观察其他区域的内容，如何实现快速的移动呢？

方法一：工具法

在 Photoshop 中打开一张图片，在左侧工具栏中选择【抓手工具】，按住鼠标左键在视图上移动鼠标，视图也会随之移动。

方法二：快捷键法

按空格键 + 鼠标左键，即可快速上下左右平移画布。

06 如何修改工作区的颜色？

为了让 Photoshop 的工作区显示得更清晰，我们可以选择自己喜欢的工作区颜色，那么该如何修改呢？

1 打开 Photoshop，按快捷组合键【Ctrl】+【K】调出【首选项】面板。

2 选择【界面】选项，选择右侧颜色方案中的 4 个色块，就可以快速切换工作区的配色方案。

07 打开多个文档后，如何将它们平铺或层叠显示？

当我们打开多个文档后，想同时看到这些文档的内容，如何将它们平铺或层叠显示呢？

1 在 Photoshop 中打开多个文档之后，选择【窗口】-【排列】-【平铺】命令即可将文档平铺显示。

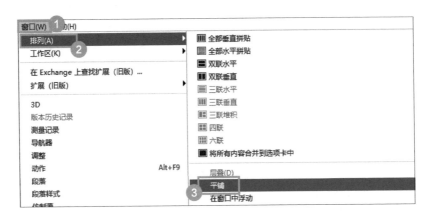

平铺效果如下图所示。

2 同理，选择【层叠】命令即可层叠显示，显示效果如下图所示。

1.3　图像基础操作

01　如何移动、旋转或缩放图像？

　　在 Photoshop 中经常要对图片的位置、角度和大小进行调整，那么该如何操作呢？

1 在 Photoshop 中打开一张图片。

2 在【图层】面板中找到该图片对应的图层，单击图层名后面的【锁定】符号，解锁图层，这样图片才能被编辑。

3 选择左侧工具栏中的【移动工具】，按住鼠标左键在图片上拖动鼠标，即可移动图片。

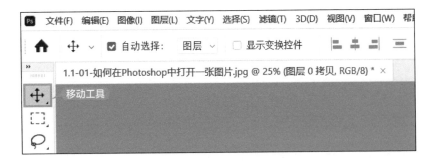

4 选择【编辑】-【自由变换】命令，图片的四周会出现 8 个变换控点。

5 选择任意一个变换控点，按住鼠标左键拖动鼠标可放大或缩小图片。

⑥ 将鼠标指针放在 4 个顶点位置的控点附近，出现弧形双向箭头，表示可以旋转图片。

02　如何用 Photoshop 画正方形、圆形？

正方形、圆形等是我们经常使用的形状元素，那么该如何绘制它们呢？

❶ 选择工具栏中的【矩形工具】或【椭圆工具】。

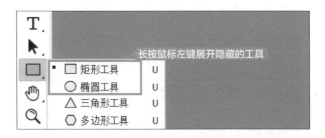

❷ 按住【Shift】键不放，按住鼠标左键拖动鼠标，即可绘制正方形或圆形。

按住【Shift】键绘制

03 如何绘制一条水平线 / 垂直线?

水平线和垂直线等是我们经常使用的线条,那么该如何绘制它们呢?

1 选择工具栏中的【直线工具】。

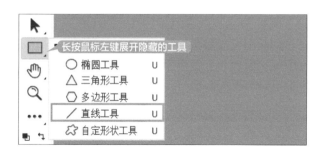

2 按住【Shift】键不放,按住鼠标左键左右或上下拖动鼠标,即可绘制水平线 / 垂直线。

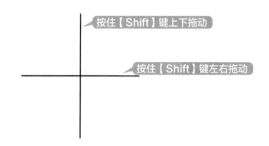

按住【Shift】键上下拖动

按住【Shift】键左右拖动

04 如何绘制五边形、六边形、八边形等多边形?

1 在 Photoshop 中打开"多边形绘制练习素材 .psd"文件。
2 选择【多边形工具】。

3 在顶部的选项栏中将边数改为 5、6 或 8,即可绘制对应边数的多边形。绘制之前确认模式为【形状】,可填充颜色或设置描边参数。按住【Shift】键可绘制正五边形 / 正六边形 / 正八边形。

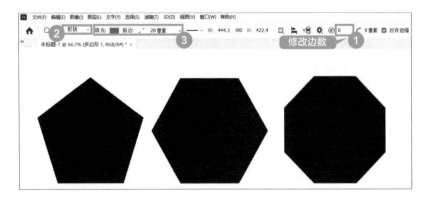

05 Photoshop 自带的形状不够用该怎么办?

方法一: 导入从网络上下载的形状资源

1 在 Photoshop 中打开"形状资源导入练习素材 .psd"文件。

2 选择【自定形状工具】。

3 单击【形状】下拉箭头,选择【设置】-【导入形状】命令。

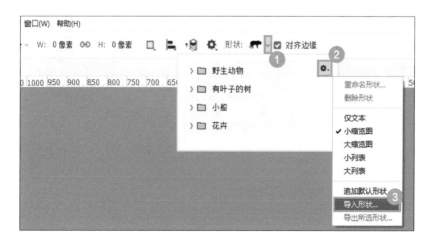

4 在弹出的【载入】对话框中选择本书配套资源提供的"几何形状"文件，单击【载入】按钮。

5 形状列表中出现了【几何形状】组，选择需要的形状进行绘制即可。

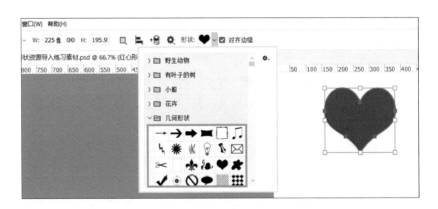

方法二：使用自由变换制作

比如要绘制梯形、平行四边形等形状，该如何操作呢？

1 在 Photoshop 中打开"梯形 & 平行四边形绘制练习素材 .psd"文件。

2 选择【矩形工具】。

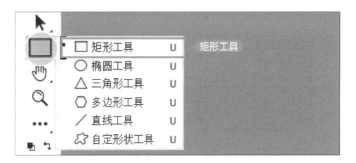

3 在选项栏中选择【填充】色为黑色，在画布上绘制一个矩形。

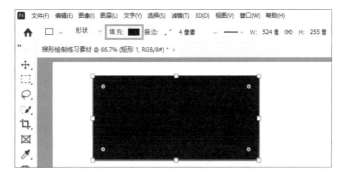

4 按快捷组合键【Ctrl】+【T】，激活自由变换功能。

5 单击鼠标右键，在弹出的菜单中选择【透视】命令。

6 左右或上下移动 A、C、E、G 4 个顶点，即可将矩形变为梯形。

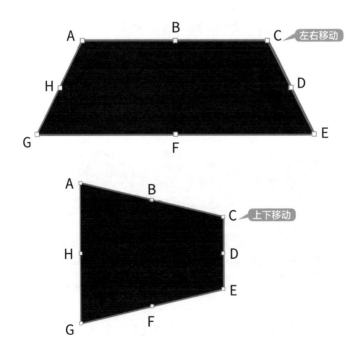

7 左右移动 B、F 控点，上下移动 D、H 控点，可以得到平行四边形。

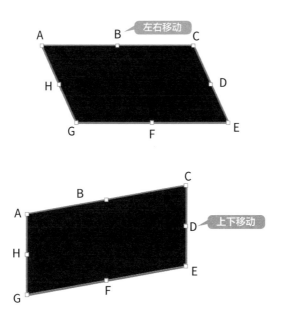

方法三：布尔运算（路径操作）

形状与形状之间可以通过合并、剪除、相交等操作，制作出复杂的形状，那么该如何操作呢？

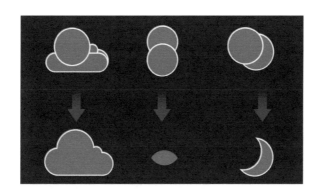

1 在 Photoshop 中打开"布尔运算练习素材 .psd"文件。

2 在【图层】面板【云】分组下选择【矩形 1】图层，按住【Shift】键选择【椭圆 3】图层，即将所有子形状全部选中。

3 按快捷组合键【Ctrl】+【E】，选中的形状会合并到一个新图层，同时只保留外轮廓线，得到一个新的形状。

4 选择【直接选择工具】，单击路径操作（布尔运算）按钮，显示默认的模式为【合并形状】。

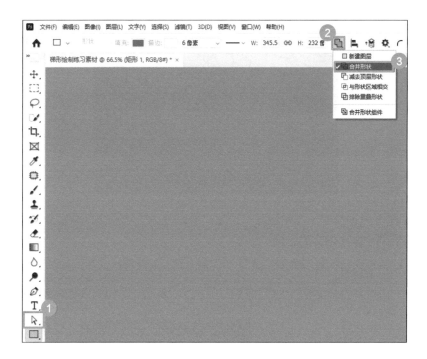

5 按上述步骤 1 ~ 3 将【花瓣】组中的形状进行合并，合并前确认位于上方的是哪个圆形，在制作花瓣的两个圆形中，椭圆 4 位于上方。位置关系对于后续操作非常关键。

6 选择【直接选择工具】，单击位于上层的椭圆 4，将其激活（看到锚点即表示该形状已被激活）。

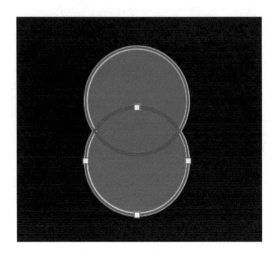

7 单击路径操作（布尔运算）按钮，模式改为【与形状区域相交】，得到两个图形相交的区域。

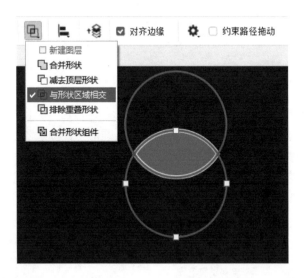

8 按上述步骤 1～3 将【月牙】组中的形状进行合并，合并前确认位于上方的是哪个圆形，在制作月牙的两个圆形中，椭圆 7 位于上方。

9 选择【直接选择工具】，单击位于上层的椭圆 7，将其激活。

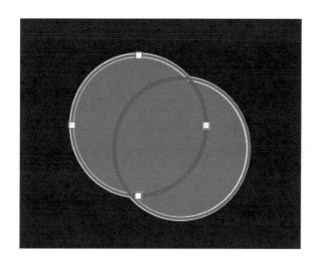

🔟 单击路径操作（布尔运算）按钮，模式改为【剪去顶层形状】，椭圆 6 与椭圆 7 相交的部分被剪去，得到月牙形状。

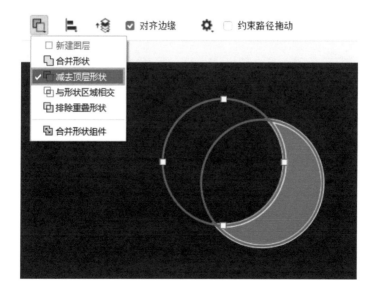

06 如何将图片裁剪成自己想要的尺寸？

图片大小不合适，如何裁剪成我们想要的尺寸呢？

1 在 Photoshop 中打开一张图片，选择工具栏中的【裁剪工具】，图片的边缘会出现裁剪框。拖动裁剪框边缘的控制条，即可将图片裁剪为任意大小。

裁剪工具

2 如果要将图片裁剪为特定的比例大小，如 16：9，只需在顶部属性栏中输入数值"16"和"9"即可。

3 Photoshop 也提供了很多预置好的裁剪比例，展开裁剪预设框即可选择。

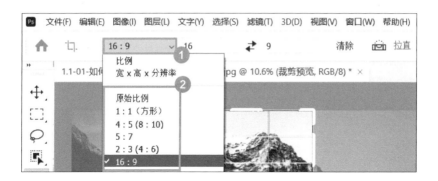

07 如何将图片裁剪为六边形或心形？

使用【裁剪工具】，只能改变图片的宽和高，但图片还是矩形。如果要把图片裁剪为六边形或心形，该如何操作呢？

1 在 Photoshop 中打开"异形图片裁剪练习素材 .psd"文件。

2 按本节技巧 04 的方法，绘制一个有填充色、无边框线的六边形。

3 在【图层】面板中将图层【多边形 1】移到【图片】图层的下方。

4 选择【图片】图层,单击鼠标右键,选择【创建剪贴蒙版】命令,图片层剪切到形状层,只显示与形状相交的区域。

5 选择【图片】图层，按快捷组合键【Ctrl】+【T】，调整图片至合适位置和大小。

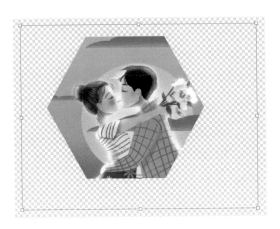

6 按【Enter】键确定变换，再导出图片即可。

7 如果学习了本节的技巧05，导入了外部的形状资源，那么就可以插入心形，再根据上述步骤，做出下图所示的效果。

08 画布太小了，如何放大？

如果要将下页左图所示的画布向下扩大，宽度不变，该如何操作？

处理前

处理后

方法一：修改参数法

1 单击【背景色】按钮，将背景色改为需要的颜色，如白色，单击【确定】按钮。

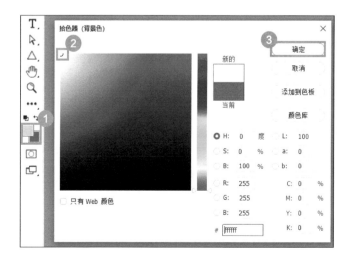

2 选择【图像】-【画布大小】命令。

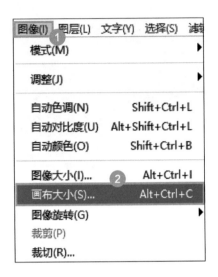

3 单击定位九宫格的第一排第二个格子，限定画布扩展时上部不动。
修改高度为"2000"像素，单击【确定】按钮。

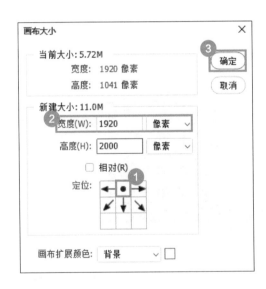

裁剪后的效果如下图所示。

方法二：裁剪法

1 选择【裁剪工具】。

2 单击画布，激活裁剪功能。

3 向下拖动裁剪控点 A，扩大画布至合适位置后按【Enter】键确定。

09 如何使用【历史记录】面板返回之前的操作?

在用 Photoshop 进行设计时,发现效果不理想,想回到以前的一个效果重新开始设计,一步步撤销非常烦琐,有没有更快的方法呢?我们可以使用【历史记录】命令来实现,具体方法如下。

1 选择【窗口】-【历史记录】命令,调出【历史记录】面板。

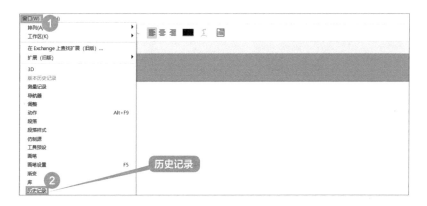

在 Photoshop 中进行操作,操作的每一步都会被记录在【历史记录】面板中。

2 选择【历史记录】面板中的操作名称，即可回到该操作对应的效果。

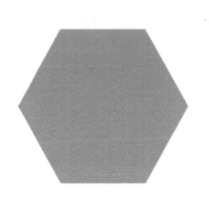 

10 图片缩小后再放大就模糊了，该怎么办？

在 Photoshop 中经常要对图片进行缩小、放大的操作，但是频繁的缩放会让图片清晰度降低。那么如何保证在缩放时图片仍然保持原图的清晰度呢？

在 Photoshop 中有一种叫作【智能对象】的图层，该图层可以保留原图层所有的像素信息，从而保证图像在从小尺寸放大到大尺寸时，不会失真，所以我们只需将普通的图层转化为【智能对象】图层即可，具体方法如下。

在图片图层上单击鼠标右键，选择【转换为智能对象】命令。

11 画笔太小了，如何放大？不想画笔有硬边缘该怎么办？

大小和硬度是画笔的两个非常重要的参数，那么该如何进行调整呢？

方法一：右键法

1 在 Photoshop 中打开"调整画笔大小和硬度练习素材 .psd"文件。

2 选择【画笔工具】。

3 在画布任意位置单击鼠标右键，左右拖动【大小】和【硬度】的滑块即可调整画笔的大小和硬度。【硬度】为 0% 时，画笔为柔边画笔，没有明显的边缘；【硬度】为 100% 时，有清晰的边缘。

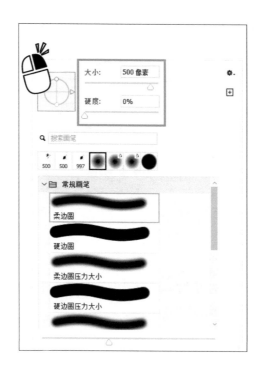

方法二：快捷键法

1 选择【画笔工具】。

2 按【Alt】键 + 鼠标右键，上下拖动鼠标改变硬度，左右拖动鼠标改变大小。

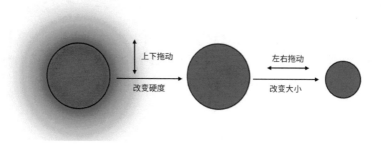

12 如何导入从网络上下载的笔刷？

Photoshop 自带的画笔笔刷样式不够用，去网络上下载笔刷资源后该如何导入？

1 在 Photoshop 中打开"笔刷形状导入练习素材 .psd"文件。

2 选择【窗口】-【画笔】命令，调出【画笔】面板。

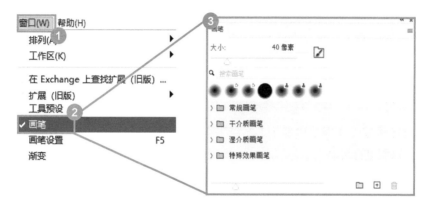

3 单击【菜单】按钮，选择【导入画笔】命令。

4 在弹出的【载入】对话框中选择"墨点飞溅笔刷"文件，单击【载入】按钮。

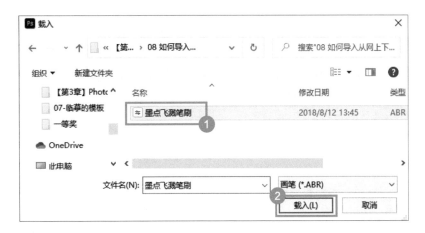

5 【画笔】面板中出现了【墨点飞溅笔刷】组，展开后选择一个合适的笔刷进行绘制。

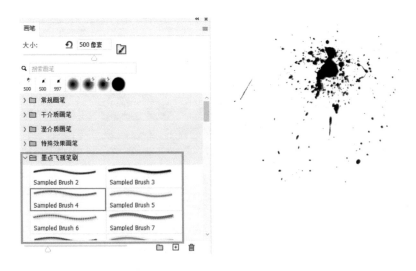

6 使用导入的墨点飞溅笔刷，配合书法字，可以做出如下的效果。

13 如何用画笔绘制随机分布的漫天繁星?

想用画笔给下面插画的天空绘制星星，大小和位置都随机，如果频繁手动调整很麻烦，如何更高效地绘制呢?

1 在 Photoshop 中打开"画笔绘制漫天繁星练习素材 .psd"文件。

2 选择【窗口】-【画笔设置】命令，弹出【画笔设置】面板。

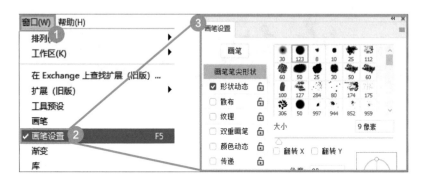

3 选择【画笔笔尖形状】选项，选择硬边圆【123】号笔刷，【大小】设置为"10 像素"。

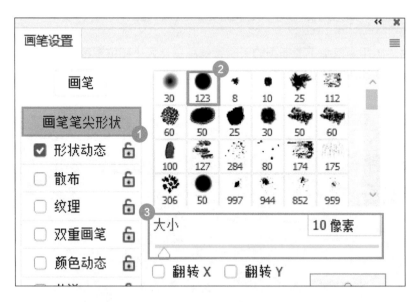

4 切换到【形状动态】选项，将【大小抖动】改为"100%"。

⑤ 双击前景色，弹出【拾色器（前景色）】面板，将画笔颜色改为白色。

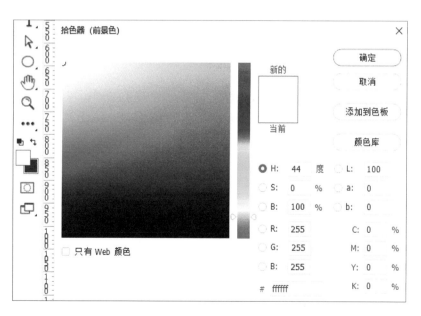

⑥ 单击【新建图层】按钮。

7 在新图层中用画笔单击进行绘制，每单击一次，画笔大小会自动进行调整，位置随机。

14 用画笔涂色时如何在指定的范围内进行绘制?

要用画笔在下图绿色区域绘制暗部，需要精确控制边界，如何保证绘制时不会超出绿色的边界呢?

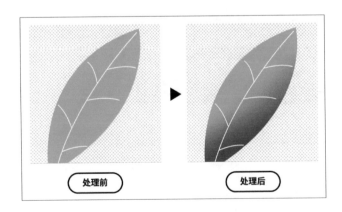

处理前 ▶ 处理后

1 在 Photoshop 中打开"锁定图层透明区域练习素材 .psd"文件。
2 单击选择【绿叶】图层。

3 单击【锁定透明像素】按钮，该图层没有像素的地方被锁定，之后的操作只能对绿色区域起作用。

4 使用【画笔工具】进行绘制，会看到绿色以外的地方不会出现任何颜色变化。

15 如何在图片上面添加文字?

文字是用 Photoshop 进行设计制作时非常重要的一种元素,那么如何在 Photoshop 中添加文字呢?

1 在 Photoshop 中新建一个空白文档。

2 选择工具栏中的【横排文字工具】, 在画布上单击或按住鼠标左键拖动鼠标,就可以插入文本框。

3 在顶部的属性栏中,可以对输入的文字属性进行设置,如字体样式、字重、字体大小、对齐方式、字体颜色等。

16 如何增大段落的行间距、字间距?

1 在 Photoshop 中打开"段落行间距字间距调整练习素材 .psd"文件。

2 双击【图层】面板中的文字图层预览区(即字母 T 的位置),将文字全部选中。

3 选择【窗口】-【字符】命令，调出【字符】面板。

4 在【字符】面板的【行间距】和【字间距】输入框中直接输入数值即可调整行间距和字间距。

5 按【Alt】键 + 左 / 右方向键可调整字间距，按【Alt】键 + 上 / 下方向键可调整行间距。

17 如何让文字排布成一个圆形？

在制作印章或 Logo 时，需要将文字沿着圆形轮廓进行排布（见下页图），如何快速实现这样的效果呢？

1 在 Photoshop 中打开"路径文字练习素材 .psd"文件。

2 选择【椭圆工具】。

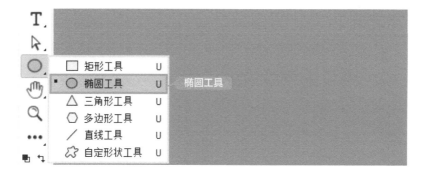

3 在选项栏中将模式改为【路径】。

4 按住【Shift】键绘制一个圆形路径。

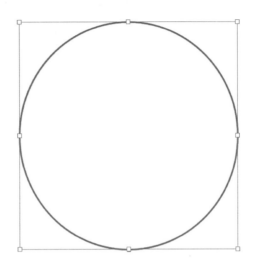

5 选择【横排文本框工具】。

6 将鼠标指针放置在圆形路径上，鼠标指针变为下图所示样式时单击，输入的文字就会沿着圆形路径排布。

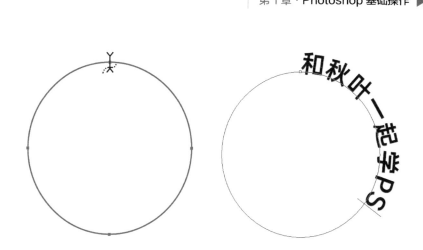

7 按住【Ctrl】键往圆形内部拖曳起点控点，可以将文字改为沿着圆形路径在圆形内部排布。按住【Ctrl】键调整终点控点位置，可以调整文字的显示范围。

18 段落的左对齐、居中对齐和右对齐该如何调整?

1 在 Photoshop 中打开"段落对齐练习素材 .psd"文件。

2 选择【窗口】-【段落】命令，调出【段落】面板。

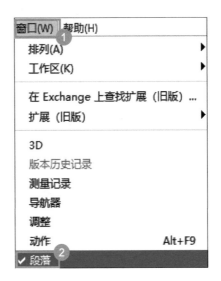

3 在【段落】面板中选择需要的对齐方式即可。

19 如何让英文在竖排文本框内横排？

用竖排文本框输入文字后，英文会顺时针旋转 90° 呈现，和中文的呈现形式不一致，该如何调整呢？

和秋叶一起学PS

和秋叶一起学 P S

1 在 Photoshop 中打开"英文竖排文本框横排练习素材 .psd"文件。

2 单击选择文本图层。

3 选择【窗口】-【字符】命令，调出【字符】面板。

4 展开【字符】面板的菜单栏，选择【标准垂直罗马对齐方式】命令，英文字符即可实现横向显示。

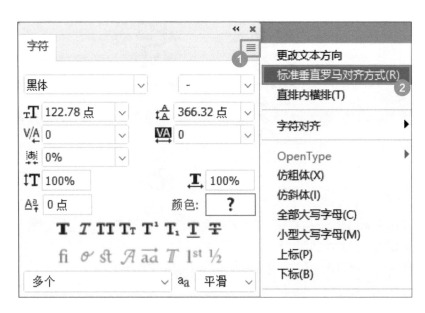

20 如何避免标点符号出现在行首？

在文本框中输入文字时，会遇到某些标点符号（如"，"）出现在行首的情况，这不符合书写规范，需要进行调整，那么该如何进行设置呢？

1 在 Photoshop 中打开"行首标点调整练习素材 .psd"文件。

2 单击选中文本图层。

3 选择【窗口】–【段落】命令，调出【段落】面板。

4 展开【段落】面板的菜单栏，选择【东亚语言功能】命令。【段落】面板会新增【避头尾法则设置】和【间距组合设置】选项。

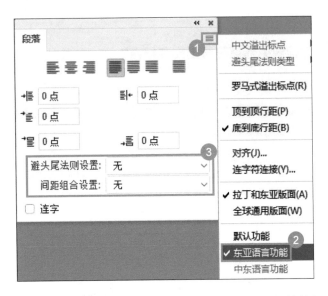

5 将【避头尾法则设置】设置为【JIS 严格】，位于行首的标点会被自动调整到合适的位置。

21 如何快速将画布由横向旋转为纵向?

画布分为横向和纵向两种类型,如果在新建文档时,选错了画布方向,如何快速进行旋转调整呢?

1 在 Photoshop 中打开"旋转画布练习素材 .psd"文件。

2 选择【图像】-【图像旋转】-【顺时针 90 度】命令,即可实现画布旋转。

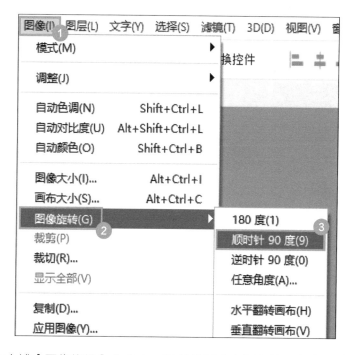

3 在上述【图像旋转】命令中,还提供了【水平翻转画布】和【垂直翻转画布】子命令,根据需要选择即可。

22 如何在 Photoshop 软件以外的地方用取色器取色？

如下图所示，如何快速将 Photoshop 中圆形的颜色改为网页中黄色汽车的颜色呢？

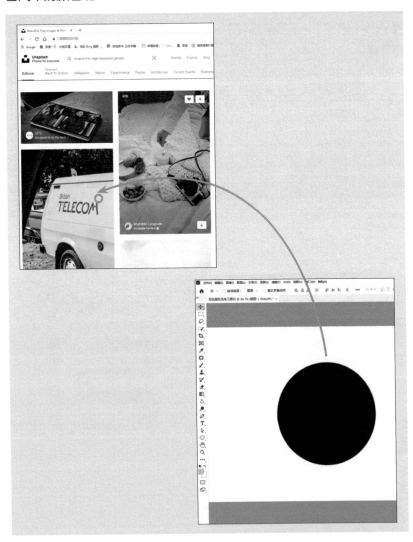

1 在 Photoshop 中打开 "取色器练习素材 .psd" 文件。

2 双击【图层】面板中【椭圆 1】图层的预览区，调出【拾色器】面板，鼠标指针停留在【拾色器】面板以外的区域变成吸管形状。

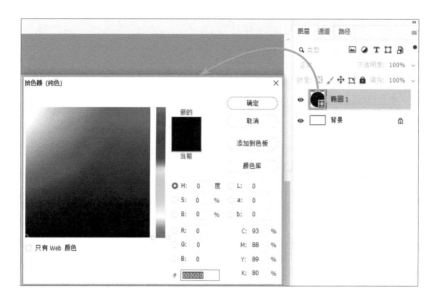

3 按住鼠标左键，移动鼠标指针至网页中的黄色汽车处，释放鼠标左键，即可吸取颜色。

23 素材是直线型的，如何将其改为弧形走向？

下图中处理前光效是垂直方向的，如何才能调整成处理后那样可以贴合圆形边缘的弧形呢？

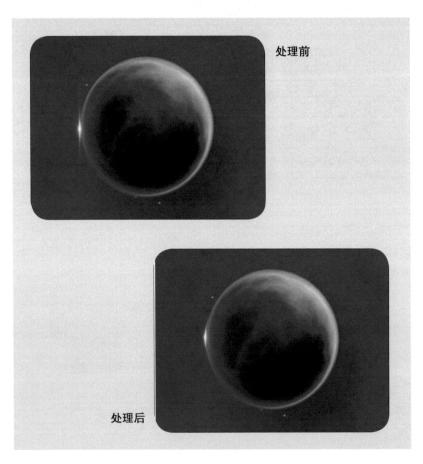

处理前

处理后

1 在 Photoshop 中打开"变形命令练习素材 .psd"文件。

2 在【图层】面板中选中【light19】图层。

3 按快捷组合键【Ctrl】+【T】，激活自由变换功能。

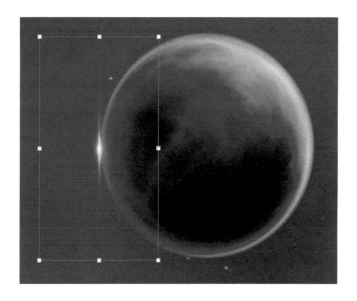

4 单击鼠标右键，选择【变形】命令，自由变换框变为变形控制框。

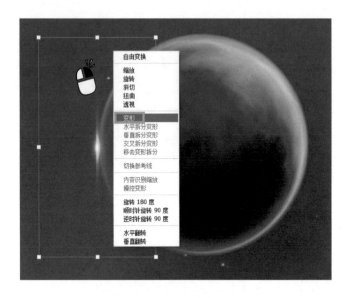

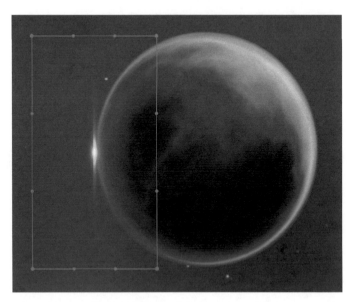

5 单击鼠标右键，选择【交叉拆分变形】命令，在光效中间单击添加拆分点，将变形网格划分出更多区域，更易于精确调整。

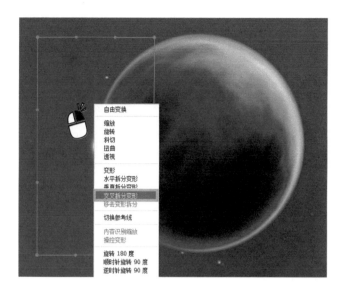

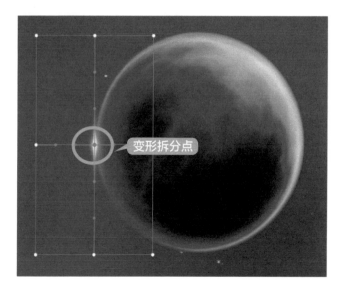

变形拆分点

6 按住鼠标左键，拖曳变形网格，调整变形控点的滑竿方向和长度，从而调整光效走向，使其贴合圆球边缘。按【Enter】键确定，即可完成变形。

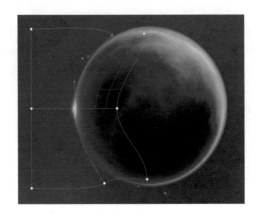

24 如果只需要某个图层中的内容，该如何单独导出？

当 Photoshop 文档中有很多张图片在不同的图层时，如何快速将某张图片直接导出而不用去裁剪或新建文档呢？

1️⃣ 在 Photoshop 中打开"图层导出练习素材 .psd"文件。

2️⃣ 在【图层】面板中选择【图层 1】。

3 单击鼠标右键，选择【快速导出为 PNG-8】命令。

4 选择一个保存路径，即可将图层中的内容导出。

和秋叶一起学

秒懂 Photoshop
图像处理

▶▶ 第 2 章 ◀◀
Photoshop 图像修正

不管是拍的照片，还是从网络上下载的图片素材，经常需要进行加工，利用 Photoshop 中的工具或功能，能够轻松对图像进行修正。

扫码回复关键词【秒懂图像处理】，观看配套视频课程

2.1 图像去除技巧

01 如何去除照片上的水印?

图片上有水印,不能直接使用,如何将水印去除呢?

处理前　　　　　　　　　　处理后

1 在 Photoshop 中打开"照片水印去除练习素材 .psd"文件。

2 选择【魔棒工具】。

3 将【魔棒工具】的模式改为【添加到选区】,【容差】值设置为"32"。

添加到选区

4 单击水印区域，将水印部分全部选中。

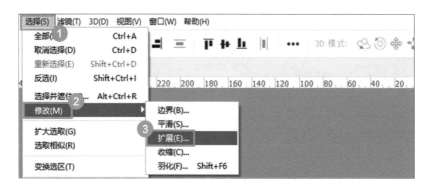

5 选择【选择】-【修改】-【扩展】命令。

6 在弹出的对话框中将【扩展量】修改为"4"像素。

扩展选区	×
扩展量(E): 4 像素	确定
☐ 应用画布边界的效果	取消

7 选择【编辑】-【内容识别填充】命令。

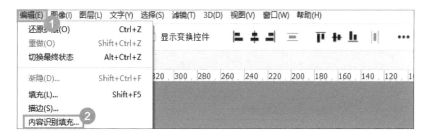

8 弹出【内容识别填充】编辑界面，分为【内容识别范围控制区】【预览区】【输出区】3 个区域。

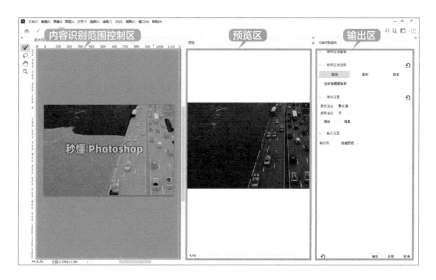

9 选择【取样画笔工具】，单击【从叠加区域中剪去】按钮，按住鼠标左键进行涂抹，减少绿色区域面积，让绿色区域和水印贴合，单击右下角的【确定】按钮，完成操作。

02 如何去除文档上的水印？

下载的文档上面有水印，并且密密麻麻排布得非常多，如何快速将这类水印去除呢？

处理前　　　　　　　　　　　　　处理后

1 在 Photoshop 中打开"文档水印去除练习素材 .psd"文件。

2 按快捷组合键【Ctrl】+【L】调出【色阶】面板，选择【设置白场工具】。

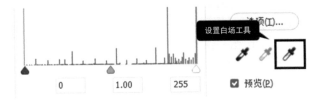

3 在水印上单击，即可快速去除水印。

STEP1 在 Photoshop 中打开一张倾斜的照片。

STEP2 在吸管工具上右键，切换到标尺工具。

STEP3 在图片上沿着一个应该是垂直或水平的物体边缘，长按鼠标拖出一条辅助线，到合适长度之后松开鼠标。

STEP4 单击【选项栏】的【拉直图层】按钮，图片会被"扶正"。

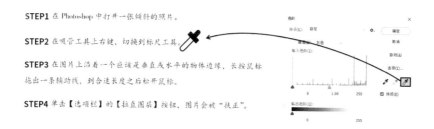

03 如何去除照片中多余的人物?

出去游玩拍风景时，经常会拍到一些不需要的人物，那么该如何将人物非常自然地去除呢?

处理前

处理后

1 在 Photoshop 中打开"去除多余人物练习素材 .psd"文件。

2 单击【新建图层】按钮。

3 选择【仿制图章工具】。

4 在选项栏中将画笔类型改为【柔边圆】,【大小】设置为"400 像素"。

5 在选项栏中将【样本】改为【当前和下方图层】，这样能够对原图层进行保护，方便进行多次修改。

当前和下方图层

6 按住【Alt】键，在人物附近单击进行取样。

取样点

7 释放【Alt】键，在人物上面单击进行涂抹，取样处的内容就被复制到人物上面。

8 更换取样点的位置，按住【Alt】键重新取样，再在人物上进行涂抹，直至人物自然消失。

04 如何去除照片中的小杂物？

当照片中有比较小的杂物，让画面显得很凌乱时，如何快速将杂物去除干净呢？

处理前

处理后

方法一：使用污点修复画笔工具

1 在 Photoshop 中打开"去除杂物练习素材 .psd"文件。

2 选择【污点修复画笔工具】。

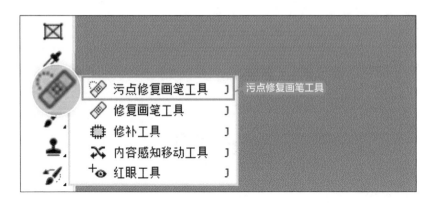

3 在杂物上单击，或按住鼠标左键进行涂抹，Photoshop 会自动将杂物邻近区域的像素填充到杂物所在处。

方法二：使用修补工具

1 在 Photoshop 中打开"去除杂物练习素材 .psd"文件。

2 选择【修补工具】。

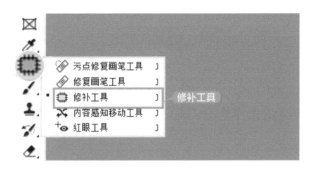

3 按住鼠标左键，用【修补工具】选中杂物。

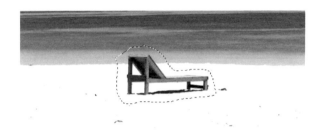

4 将杂物移到和杂物四周纹理接近但干净的地方，释放鼠标左键，杂物就被去除了。

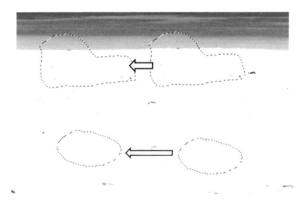

5 重复上述操作，直至所有的杂物都被去除。

2.2 图像修改技巧

01 拍照时把景物拍"歪"了，如何将其"扶正"？

拍照时把景物拍"歪"了，如何快速将照片中的景物调整到正确的角度呢？

处理前

处理后

1 在 Photoshop 中打开"照片扶正练习素材 .psd"文件。

2 选择【标尺工具】。

3 在图片上沿着一个本应垂直或水平的物体边缘，如下图所示，按住鼠标左键从 A 点到 B 点拖出一条辅助线，然后释放鼠标左键。

4 单击选项栏中的【拉直图层】按钮，图片会被"扶正"。

02 如何将侧面朝向的照片，变成正面朝向？

下页图中的广告牌是侧面朝向的，如何将广告牌的画面提取出来且变成正面朝向的呢？

处理前　　　　　　　　　　　　　处理后

1 在 Photoshop 中打开"透视裁剪练习素材 .psd"文件。

2 选择【透视裁剪工具】。

3 依次在有透视效果的平面的 A、B、C、D 4 个顶点处单击。

4 按【Enter】键确定裁剪，有透视效果的平面就恢复正常了。

5 如果觉得裁剪后的图片比例不对，按快捷组合键【Ctrl】+【T】，进行变换调整即可。

03 图片宽度不够，如何拉长图片又不让图片中的人物变形？

如果想将下图所示的照片从竖图变成横图，但是图中人物的比例还是正常的，该如何操作呢？

处理前

处理后

1 在 Photoshop 中打开"竖图变横图练习素材 .psd"文件。

2 单击【背影】图层。

3 选择【矩形选框工具】。

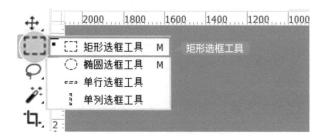

4 将人物选中，选区尽量贴合人物。

5 单击鼠标右键，在弹出的菜单中选择【存储选区】命令。

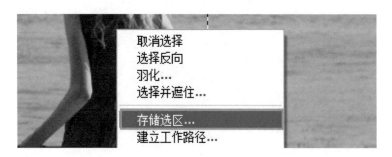

6 在弹出的对话框中，将【名称】修改为"人物"，单击【确定】按钮。

7 按快捷组合键【Ctrl】+【D】取消选区。

8 选择【编辑】-【内容识别缩放】命令。

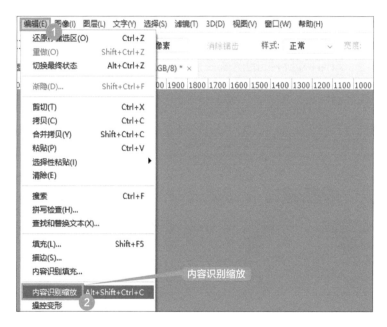

9 在选项栏中将【保护】切换为【人物】，即保护第 4 步中选中的区域。

10 将 A 点向左拉，将 B 点向右拉，将图片铺满画布，即可保证人物在拉伸的过程中不变形，竖图也就被修改成了横图。

04 如何将证件照的蓝底色换成红底色?

证件照的底色是蓝色,要求提交红底色的证件照,该如何快速更换证件照底色呢?

处理前　　　　　　　　　　　　处理后

1 在 Photoshop 中打开"证件照换底色练习素材 .psd"文件。

2 选择【魔棒工具】。

3 单击蓝底色，将蓝色区域全部选中。

4 按快捷组合键【Ctrl】+【U】调出【色相/饱和度】面板，设置【色相】为"+155"、【饱和度】为"+100"、【明度】为"-23"。

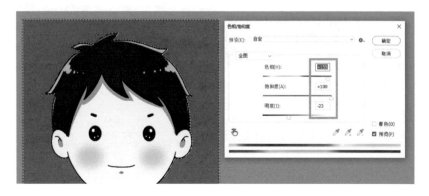

5 按快捷组合键【Ctrl】+【D】取消选区，得到调整后的证件照，再导出为需要的图片格式即可。

05 如何将证件照尺寸修改为"2 英寸"（3.5 厘米 ×5.3 厘米）？

1 在 Photoshop 中打开"证件照改尺寸练习素材 .psd"文件。

2 选择【裁剪工具】。

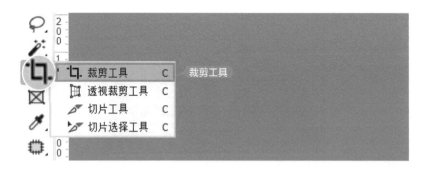

3 在选项栏中将【比列】切换为【宽 × 高 × 分辨率分】，修改【宽 × 高 × 分辨率分】的参数分别为"413 像素""626 像素""300 像素 / 英寸"。

4 按【Enter】键确定裁剪，最后导出图片即可。

06 如何将一张图片裁切成朋友圈常用的"九宫格"形式？

在朋友圈或微博经常看到"九宫格"形式的图片，那么如何快速实现图片的 9 等分裁切呢？

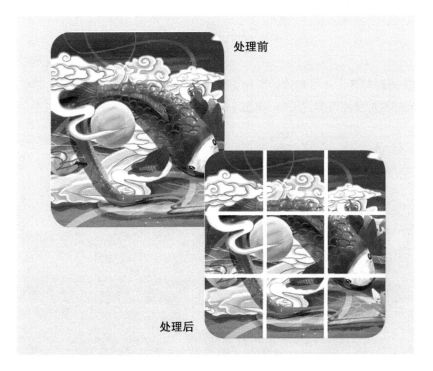

处理前

处理后

1 在 Photoshop 中打开"九宫格切图练习素材 .psd"文件。

2 选择【切片工具】。

3 在图片上单击鼠标右键，选择弹出菜单中的【划分切片】命令。

提升到用户切片

组合切片

划分切片…

4 同时勾选【水平划分为】和【垂直划分为】复选框，并将纵向和横向切片数量均改为"3"，单击【确定】按钮。

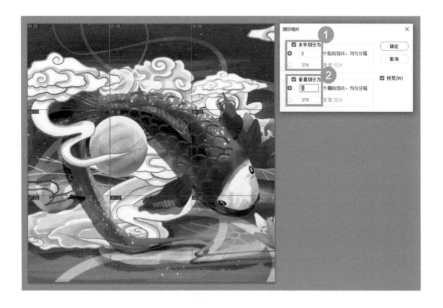

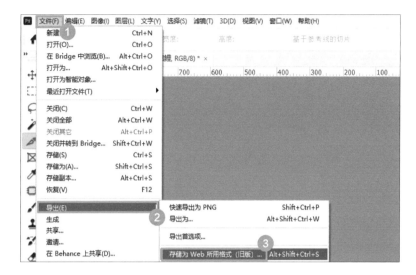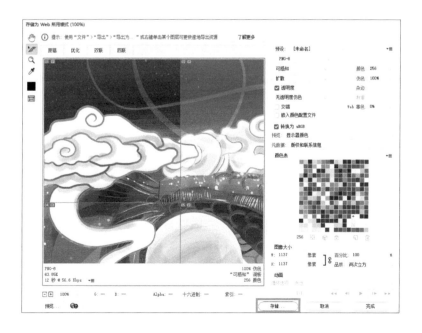**5** 选择【文件】-【导出】-【存储为 Web 所用格式（旧版）】命令。

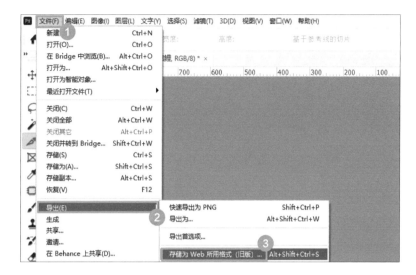

6 弹出新的对话框，单击【存储】按钮。

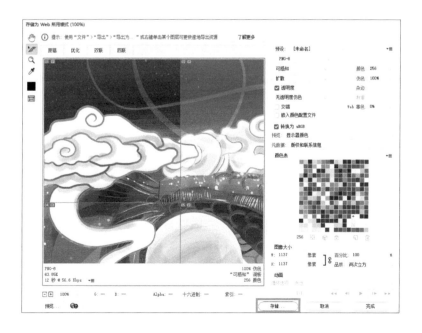

095

7 弹出新的对话框，确认【切片】选项为【所有用户切片】，选择保存路径，单击【保存】按钮。

8 根据保存路径打开文件夹，切片后的图片按照顺序存放在"images"文件夹中。

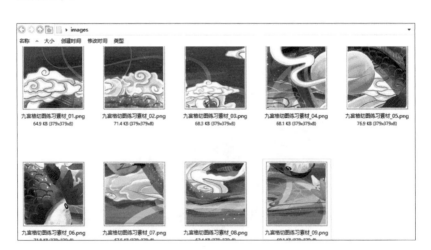

和秋叶一起学

秒懂 Photoshop 图像处理

▶▶ 第 3 章 ◀◀
Photoshop 抠图技巧

当只需要图片中的某个元素时，利用 Photoshop 中的工具将多余的部分去除，这个过程被称为"抠图"。本章针对不同类型的图片，介绍几种常见的抠图技巧。

扫码回复关键词【秒懂图像处理】，观看配套视频课程

3.1 如何用 Photoshop 自动抠图？

Photoshop 2020 能自动分析图片中的主体和背景区域，自动将背景删除，但只适用于主体和背景区别大且背景较干净的图片。那么具体该如何操作呢？

处理前

处理后

1 在 Photoshop 中打开"自动抠图练习素材 .psd"文件。
2 选择【窗口】-【属性】命令，调出【属性】面板。

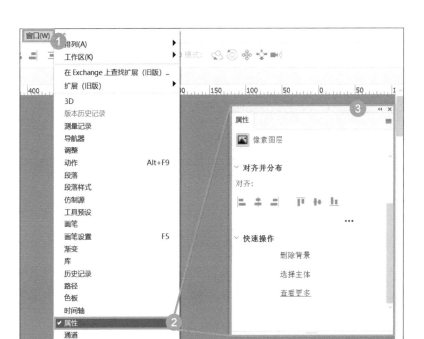

3 选中"甜筒"所在图层，单击【属性】面板中的【删除背景】按钮，等待几秒后，Photoshop 自动完成抠图操作。

3.2 如何把图片中的人物抠出来?

当要用图片中的人物来做海报时,需要将人物抠出来,才有更大的空间去做创意设计,那么该如何操作呢?

1 在 Photoshop 中打开"人物抠图练习素材 .psd"文件。

2 选择【快速选择工具】。

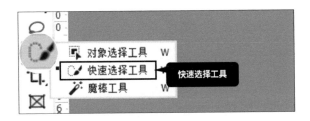

3 按住鼠标左键在人物轮廓上移动,选中人物的主体轮廓。

4 单击选项栏中的【选择并遮住】按钮,会弹出选择并遮住的操作界面。

5 为了能够清晰地显示边缘，便于观察，在视图模式中将【视图】设置为【叠加】。

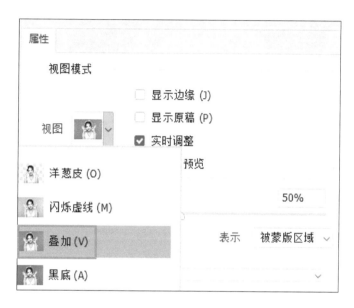

6 选择【调整边缘画笔工具】。

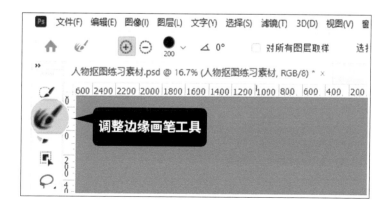

7 沿着头发的边缘和身体的边缘进行涂抹，发丝的细节就会被还原出来，同时多余的白边会被去掉。

处理前　　　　　　　　　　处理后

8 在输出设置中，选择输出到【图层蒙版】，单击【确定】按钮，自动退出选择并遮住操作界面，回到普通视图，得到抠好的带图层蒙版的图层。

⑨ 将文档导出为 PNG 格式的图片，即可得到抠好的人物图片。

3.3 如何把图片中的图书抠出来？

当图片背景复杂，但主体轮廓比较规则，接近多边形时，如下图中的图书，该如何快速将它抠出来呢？

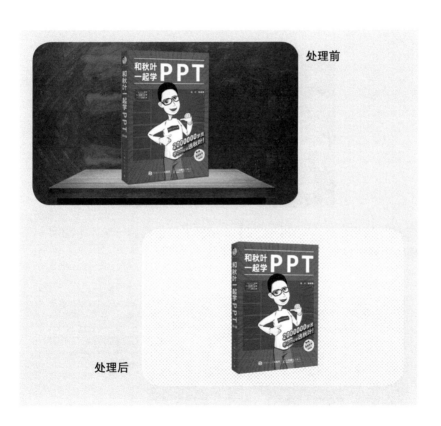

处理前

处理后

1 在 Photoshop 中打开"图书抠图练习素材 .psd"文件。

2 选择【多边形套索工具】。

3 沿着书的轮廓，依次在顶点 1~6 处单击，最后回到起点，绘制一个闭合的选区。

4 按快捷组合键【Ctrl】+【J】，将图书原位复制一份，【图层】面板中也同步复制出了一个图书的新图层。

5 单击原始图层前面的"小眼睛"图标将其隐藏。

6 将文档导出为 PNG 格式的图片,即可得到抠好的图书。

3.4　如何把图片中的 Logo 抠出来?

　　公司的 Logo 是平时工作中经常用到的素材,但有时会遇到 Logo 在白色背景上的情况,不方便使用。对于这种造型比较复杂,但是颜色统一的 Logo 图片,该如何快速抠图呢?

1 在 Photoshop 中打开"Logo 抠图练习素材 .psd"文件。

2 选择【魔棒工具】。

3 在选项栏中将【魔棒工具】的【容差】值设置为"32"，取消勾选【连续】复选框。

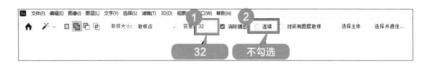

4 单击图片中的任意一处白色，则所有的白色区域都会被选中。

5 按【Backspace】键或【Delete】键将白色区域删除，得到抠好的Logo。

6 将文档导出为 PNG 格式的图片，即可得到抠好的 Logo。

3.5　如何把图片中的水果抠出来？

当遇到图片背景和主体颜色接近或背景比较杂乱的情况时，利用【直接选择工具】或【魔棒工具】并不能很完美地将主体框选出来，边缘会不平整，那如何才能实现这类图片的抠图呢？用【钢笔工具】可以很好地实现此类场景下的抠图。

处理前

处理后

在使用【钢笔工具】之前，先学习【钢笔工具】的类型和使用方法。

01 【钢笔工具】有哪些类型?

除了最常用的【钢笔工具】,经常使用的还有【添加锚点工具】【删除锚点工具】【转换点工具】,使用【转换点工具】可以在角部锚点和平滑锚点之间进行转换。

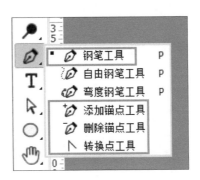

02 什么是锚点和路径?

选择【钢笔工具】,单击新建的方形点为锚点,锚点与锚点之间为路径。选择【钢笔工具】,单击新建锚点后拖曳,可绘制曲线路径,该处锚点为平滑锚点。圆点为控点,锚点和控点之间为滑竿,控点位置和滑竿一起控制路径的走向和弧度。

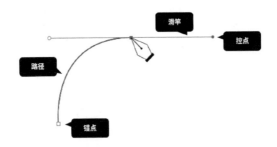

将【钢笔工具】放在已绘制的路径上，可以直接添加锚点。

将【钢笔工具】放在已有的锚点上，可以直接删除锚点。

在【钢笔工具】选中的情况下，按住【Ctrl】键，可临时移动锚点和调整控点。

在【钢笔工具】选中的情况下，按住【Alt】键，单击锚点可将平滑锚点改为角部锚点，拖动控点可单向调整路径方向。

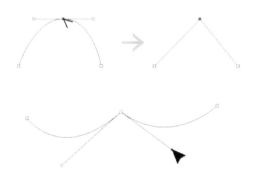

在【钢笔工具】选中的情况下，按住【Alt】键拖曳角部锚点，可

将角部锚点改为平滑锚点。

接下来，我们来练习用【钢笔工具】抠图。

1 在 Photoshop 中打开"水果抠图练习素材 .psd"文件。

2 选择【钢笔工具】。

3 在选项栏中将【钢笔工具】的模式改为【路径】。

4 沿着桃子的外轮廓添加锚点，绘制路径。

如果是生硬的边缘，拐角和拐角之间是直线，直接单击添加锚点。

如果边缘平滑，接近一条曲线，单击新建锚点后不松开，沿着前进的方向拖动鼠标，让路径贴合桃子的外边缘。

从平滑路径转到直线路径时，可以按住【Alt】键单击锚点去掉滑竿，再单击新建锚点时，两个锚点之间就是直线路径。

按住【Ctrl】键可以调整滑竿的长短和方向，进而控制下一条路径的走向。

5 路径闭合后，按快捷组合键【Ctrl】+【Enter】载入选区。

6 按快捷组合键【Ctrl】+【J】将桃子原位复制一份，【图层】面板中也同步复制出了一个桃子的新图层。

7 单击原始图层前面的"小眼睛"图标将其隐藏。

8 将文档导出为 PNG 格式的图片，即可得到抠好的桃子。

3.6 如何把图片中的冰块抠出来？

在对冰块、玻璃杯、婚纱这类半透明物体进行抠图时，需要保留它们的透明度，从而使它们可以自然地融入新的背景中，那么该如何操作呢？

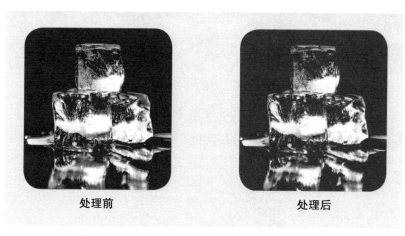

处理前　　　　　　　　　　处理后

（为了清楚地显示抠图后的效果，增加了背景色）

1 在 Photoshop 中打开"冰块抠图练习素材 .psd"文件。
2 单击【冰块】图层，切换到【通道】面板。

3 依次单击【红】【绿】【蓝】3 个通道，选择黑白对比最明显的通道。
在本案例中，红色通道的黑白对比最明显。

红通道   绿通道   蓝通道

4 单击选择【红】通道并按住鼠标左键将其拖曳至【新建图层】按钮处，
释放鼠标左键后得到复制的【红 拷贝】通道。

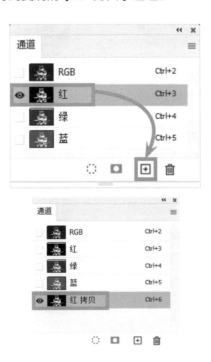

5 按快捷组合键【Ctrl】+【L】调出【色阶】面板。

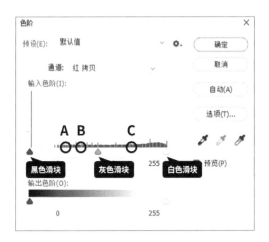

6 向右移动黑色滑块至 A 点，向左移动灰色滑块至 B 点，向左移动白色滑块至 C 点，让画面的黑白对比更突出，同时让白色区域更多一些，冰块上黑色区域代表透明区域。

调整色阶前　　　　　　　　　　　调整色阶后

7 按住【Ctrl】键，单击【红 拷贝】通道，画面中的白色区域会作为选区被载入。

⑧ 单击【RGB】通道。

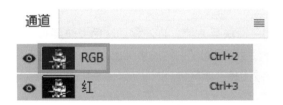

⑨ 选择【图层】面板,单击【新建图层蒙版】按钮,得到抠好的冰块。

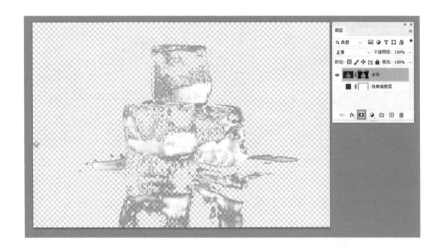

10 单击【效果观察层】前的"小眼睛"图标将其显示，可以更直观地看到抠图后的效果。

11 再次单击"小眼睛"图标将【效果观察层】隐藏，再将文档导出为 PNG 格式的图片，即可得到抠好的冰块。

3.7 如何把图片中的树叶抠出来？

下图中树叶数量多，轮廓细节丰富，如何快速地将树叶抠出来呢？

处理前

处理后

1 在 Photoshop 中打开"树叶抠图练习素材 .psd"文件。

2 双击【树叶】图层名称后面的空白区域。

3 弹出【图层样式】面板，在【混合选项】栏中，将【混合颜色带】
设置为【蓝】。

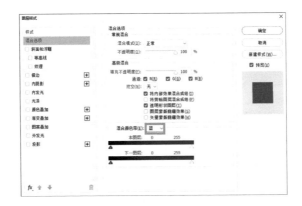

4 按住鼠标左键，向左拖动【本图层】中最右侧的白色滑块，至蓝色
完全消失。

5 单击【确定】按钮，完成树叶的抠图。

6 将文档导出为 PNG 格式的图片，即可得到抠好的树叶。

3.8 如何把图片中的签名抠出来？

在纸上写一个自己的签名，如何才能将签名抠出来，从而可以在一些需要用到电子签名的地方使用呢？

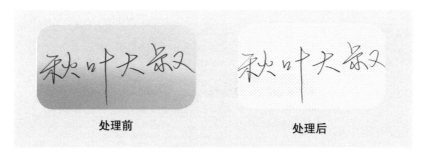

处理前　　　　　　　　　　　　处理后

1 在 Photoshop 中打开"签名抠图练习素材 .psd"文件。

2 单击【签名】图层，选择【选择】-【色彩范围】命令，弹出【色彩范围】面板。

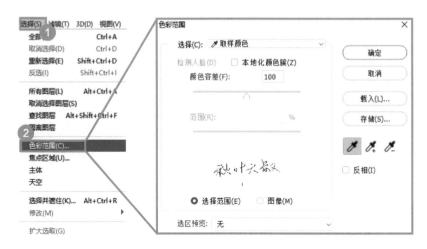

3 将容差值修改为"32",单击【吸管工具】按钮。

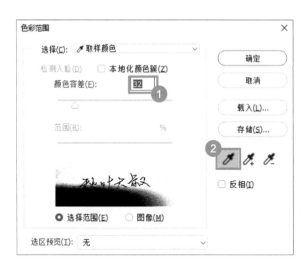

4 在图片白色区域任意一处单击,【色彩范围】面板上的预览区显示签名部分为黑色,纸张大部分为白色,局部为黑色。

5 单击【添加到取样】按钮，对在预览区显示为黑色的区域在原图上进行单击，直至除签名以外的区域全部为白色为止。

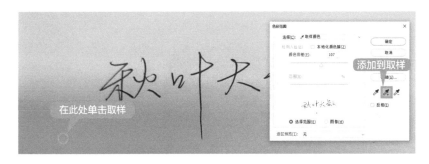

6 单击【确定】按钮，签名以外的区域都被选中。

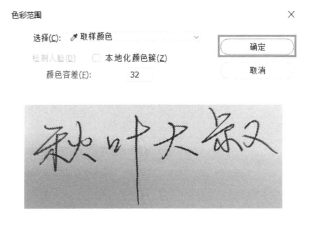

7 按【Backspace】键或【Delete】键，背景被删除，只留下签名。

8 将文档导出为 PNG 格式的图片，即可得到抠好的签名。

3.9 如何把图片中的火焰抠出来？

在对火焰和光效这类素材进行抠图时，要保留它们的光感，有从亮到暗的自然过渡，但很难准确定位它们的边缘，用常规的抠图工具抠图时总会有生硬的轮廓，那么该如何进行抠图呢？

处理前

处理后

1 在 Photoshop 中打开"火焰抠图练习素材 .psd"文件。

2 选中【火焰素材】图层，展开图层混合模式列表。

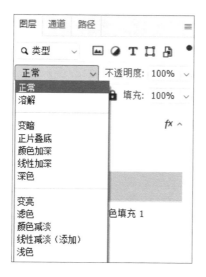

3 将图层混合模式由【正常】切换到【滤色】，火焰素材中的黑色就自动滤掉了，只留下火焰部分。

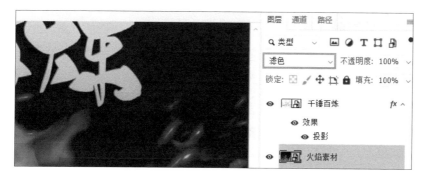

通过调整混合模式得到的火焰导出 PNG 图片时仍然会带有黑色背景，只能在 Photoshop 文档中使用。

和秋叶一起学

秒懂 Photoshop
图像处理

▶ 第 **4** 章 ◀
Photoshop 高效操作

无论是我们自己拍的照片，还是从网络上下载的图片素材，或多或少都有一些瑕疵，而利用 Photoshop 中的一些强大功能，能够很轻松地将这些瑕疵去除。

扫码回复关键词【秒懂图像处理】，观看配套视频课程

01 Photoshop 常用的快捷键有哪些?

工具类	快捷键
✛ 移动工具	V
⬚ 选框工具	M
⌀ 套索工具	L
🖌 魔棒工具 / 快速选择工具	W
🔲 裁剪工具	C
🖋 吸管工具	I
🔨 仿制图章工具	S
✎ 橡皮擦工具	E
🪣 油漆桶 / 渐变工具	G
✒ 钢笔工具	P
T 文本工具	T
▸ 直接选择 / 路径选择工具	A
▪ 形状工具	U
✋ 抓手工具	H
文件操作	快捷键
新建文件	Ctrl+N
保存当前文件	Ctrl+S
另存为	Ctrl+Shift+;
退出 Photoshop	Ctrl+Q
关闭当前文件	Ctrl+W

续表

视图操作	快捷键
从视图中心放大	Ctrl+ "+"
从视图中心缩小	Ctrl+ "–"
指定视图位置放大	空格 +Ctrl+ 鼠标左键
指定视图位置缩小	空格 +Alt + 鼠标左键
显示 / 隐藏标尺	Ctrl+R
显示 / 隐藏参考线	Ctrl+;
显示 / 隐藏网格	Ctrl+"
显示 / 隐藏所有命令面板	Tab
全屏模式切换	F
放大 / 缩小画布	Alt+ 鼠标滚轮
移动画布	空格 + 鼠标左键
锁定参考线	Ctrl+Alt+ ;
编辑操作	快捷键
还原 / 重做前一步操作	Ctrl+Alt+Z
还原并与当前状态切换	Ctrl+Z
自由变换	Ctrl+T
填充背景色	Ctrl+ ←或 Ctrl+Delete
填充前景色	Alt+ ←或 Alt+Delete
填充	Shift+ ←或 Shift+F5
打开【首选项】对话框	Ctrl+K

续表

图像操作	快捷键
调整色阶	Ctrl+L
自动调整色阶	Ctrl+Shift+L
打开【曲线调整】对话框	Ctrl+M
去色	Ctrl+Shift+U
反相	Ctrl+I
打开【色彩平衡】对话框	Ctrl+B
打开【色相／饱和度】对话框	Ctrl+U
打开【液化】对话框	Ctrl+Shift+X
选择功能	**快捷键**
全选	Ctrl+A
取消选择	Ctrl+D
反选	Ctrl+Shift+I
羽化	Shift+F6
路径变选区	Ctrl+Enter
增加选区	按住 Shift+ 划选区
减少选区	按住 Atl+ 划选区
相交选区	Shift+Alt+ 划选区
图层操作	**快捷键**
复制图层	Ctrl+J
盖印图层	Ctrl+Alt+Shift+E
向下合并图层	Ctrl+E
合并可见图层	Ctrl+Shift+E
将当前层下移一层	Ctrl+[
将当前层上移一层	Ctrl+]
将当前层移到最下面	Ctrl+Shift+[
将当前层移到最上面	Ctrl+Shift+]
从对话框新建一个图层	Ctrl+Shift+N
图层编组	Ctrl+G

02 图层太多，如何快速定位到需要的图层？

文档中图层数量很多，通过【图层】面板很难一次性选到需要的图层，如要选中下图中的字母 P，那么该如何快速定位呢？

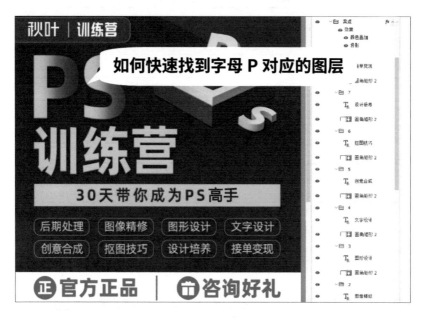

1️⃣ 在 Photoshop 中打开"图层定位练习素材 .psd"文件。

2️⃣ 选择【移动工具】。

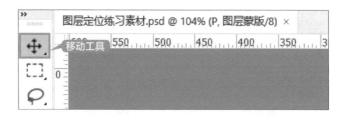

3️⃣ 在选项栏中确认【自动选择】复选框未被勾选。

④ 按住【Ctrl】键，单击字母 P，该字母所在图层即被选中。

03 如何将图层分组管理？

图层多了之后需要进行分组管理，将位置靠得比较近，属于同一个模块，经常需要同时放大、缩小的图层放进一个组里，可以提高操作效率，那么在 Photoshop 中如何将图层放进一个组里呢？

① 在 Photoshop 中打开"图层分组管理练习素材 .psd"文件。
② 单击【S】图层，按住【Shift】键单击【训练营】图层，3 个文字图层都被选中。

3 按快捷组合键【Ctrl】+【G】，新建"组 1"。

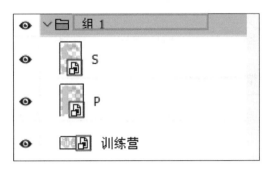

4 双击"组 1"名称，即可对组进行重命名。养成分组和及时重命名的好习惯非常重要。

04 如何批量给图片加水印?

1 打开"批量添加水印练习素材"文件夹中的"处理前"文件夹，将图片"处理前 1.jpg"拖入 Photoshop 中。

2 选择【窗口】-【动作】命令，弹出【动作】面板。

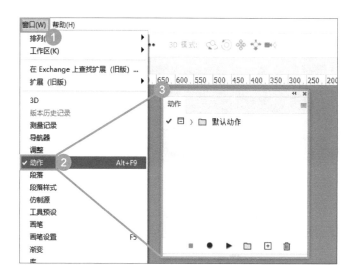

3 单击【创建新动作】按钮，弹出【新建动作】面板。

4 重命名动作为"加水印"，单击【记录】按钮，开始记录操作。

5 将"批量添加水印练习素材"文件夹中的"水印 .png"图片拖入当前文档中，调整好大小和位置后，按【Enter】键确认。第一个动作被记录为"置入"，后续的动作同样会被记录下来。

6 选择【文件】-【存储为】命令。

7 保存类型选择【JPEG】，单击【保存】按钮。

文件名(N):	处理前1.jpg
保存类型(T):	JPEG (*.JPG;*.JPEG;*.JPE)

8 关闭当前文档，弹出提示询问是否要保存对当前文档的修改，单击
【否】按钮。

9 单击【停止记录】按钮。

10 选择【文件】-【自动】-【批处理】命令。

☐ 动作选择【加水印】，【源】文件夹选择本地计算机中的"处理前"文件夹，【目标】文件夹选择本地计算机中的"处理后"文件夹，勾选【覆盖动作中的"存储为"命令】复选框，单击【确定】按钮。Photoshop 开始自动加水印。

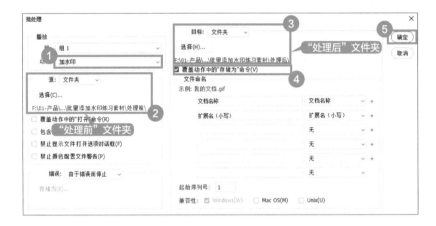

☐ 打开"处理后"文件夹，所有的图片都被添加上了水印。

处理前1.jpg   处理前2.jpg   处理前3.jpg   处理前4.jpg

05 如何批量修改图片尺寸?

　　一些平台对上传的图片有宽度限制，如宽度必须为 800 像素。那么该如何批量修改图片尺寸呢?

☐ 打开 Photoshop（不用新建文档，停留在新建页面即可）。

☐ 选择【文件】-【脚本】-【图像处理器】命令。

③ 单击【选择文件夹】按钮，选择"批量修改图片尺寸练习素材"文件夹。勾选【调整大小以适合】复选框，【W】和【H】的数值都设定为"800"像素，单击【运行】按钮。

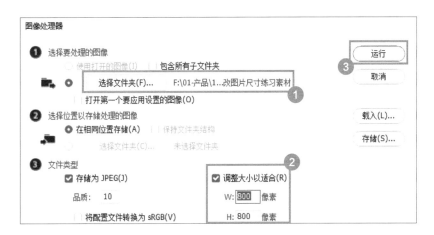

④ 打开"批量修改图片尺寸练习素材"文件夹，其中新增了一个"JPEG"文件夹，里面所有图片的宽度都已被改为 800 像素。

06　如何保证图片打印的时候没有色差?

做好的宣传单页、海报或画册拿到打印店打印时,打印出来的图和计算机上的图相比颜色差别很大,印刷效果大打折扣,那么如何避免色差的出现呢?

1 打开 Photoshop,单击【新建】按钮,弹出【新建文档】面板。

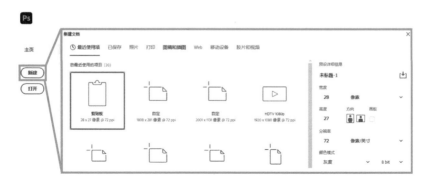

2 将【颜色模式】改为【CMYK 颜色】,即印刷专用的颜色模式。

3 后续正常制作并导出图片即可。

07 如何批量制作证书?

　　当一次性制作大量的证书，并且不同的人对应不同的奖项时，一张一张地去制作太费时间，该如何批量制作呢?

1 打开"批量制作证书练习素材"文件夹中的"证书底版 .psd"文件。

2 单击【name】图层，选择【图像】-【变量】-【定义】命令。

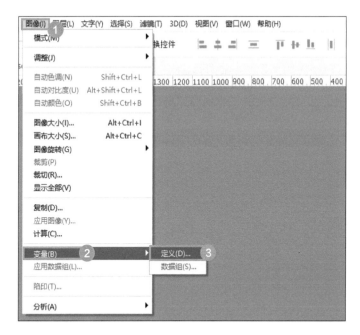

3 勾选【文本替换】复选框，将名称改为"name"，单击【确定】按钮。

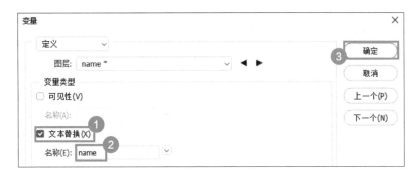

4 选中【reward】图层，重复步骤 2 和步骤 3 的操作，其中步骤 3 中的【名称】改为"reward"。

5 在 Excel 表格中准备好获奖人的姓名和奖项。其中第一行的表头一定要与上述步骤中定义的变量名称完全一致。

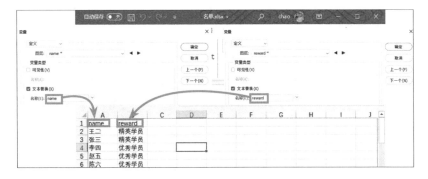

6 在"批量制作证书练习素材"文件夹中单击鼠标右键，新建一个文本文档，命名为"名单"。

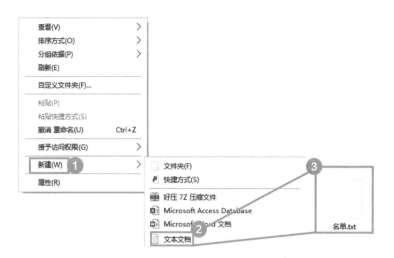

⁊ 按住鼠标左键拖动选中全部表格内容，按快捷组合键【Ctrl】+【C】进行复制，双击打开文本文档"名单.txt"，按快捷组合键【Ctrl】+【V】进行粘贴，按快捷组合键【Ctrl】+【S】保存文件。

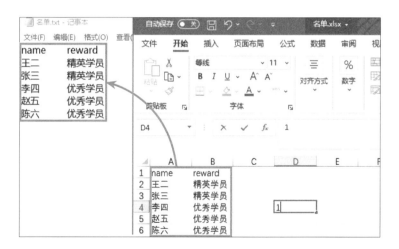

⁸ 回到"证书底版.psd"文档，选择【文件】-【导入】-【变量数据组】命令，弹出【导入数据组】面板。

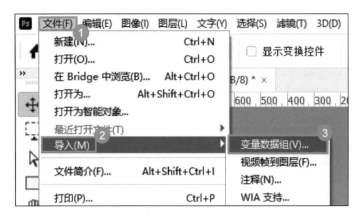

9 单击【选择文件】按钮，选择"名单.txt"文档，编码选择【Unicode（UTF-8）】，保证中文的正常显示，单击【确定】按钮。

10 选择【文件】-【导出】-【数据组作为文件】命令。

11 导出的文件夹选择"批量制作证书练习素材"文件夹，单击【确定】按钮。每个人的奖状会单独导出为一个 PSD 文件。

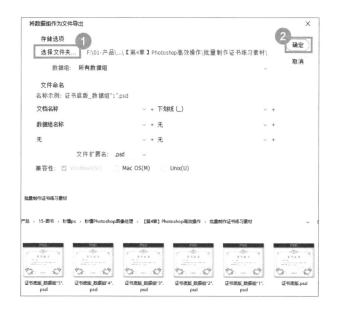

⑫ 选择【文件】-【脚本】-【图像处理器】命令。

⑬ 单击【选择文件夹】按钮，选择一个保存证书图片的路径（可选择"批量制作证书练习素材"文件夹），其他保持默认，单击【运行】按钮。

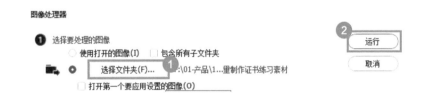

⑭ 打开上一步保存的文件夹，其中新增了一个"JPEG"文件夹，可以看到所有的证书都已输出为图片。

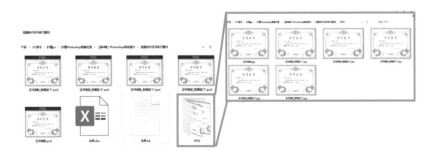

08 如何批量制作员工工牌?

公司要为每个员工制作员工工牌,工牌上需要添加每个人的照片、姓名和部门等信息,逐个替换、核对非常费时间,如何批量将工牌制作出来呢?

1 在 Photoshop 中打开"批量制作工牌练习素材"文件夹中的"工牌底版 .psd"文件。

2 选中【照片底版】图层,打开"批量制作工牌练习素材"文件夹中的"员工照片"文件夹,将照片"小梅 .png"拖入 Photoshop 中。

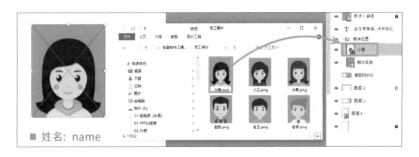

3 调整"小梅 .png"照片大小至刚好盖住照片底版的色块,按【Enter】键确认。

■ 姓名: name
■ 部门: department

4 在【小梅】图层上单击鼠标右键，选择【栅格化图层】命令。

5 选择【图像】-【变量】-【定义】命令。

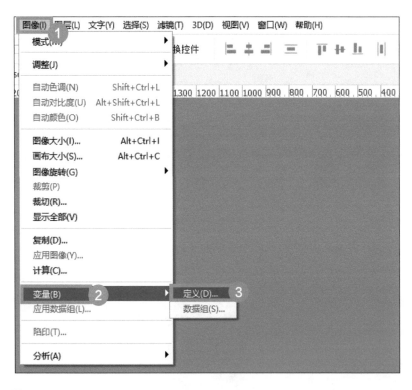

6 勾选【像素替换】复选框，名称改为"photo"，单击【确定】按钮。

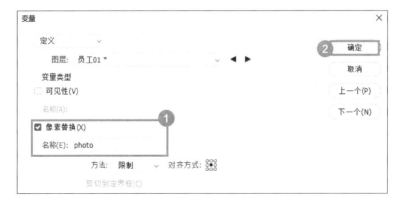

⑦ 选择【name】图层，重复步骤 5 的操作。

⑧ 勾选【文本替换】复选框，名称改为"name"，单击【确定】按钮。

⑨ 选择【department】图层，重复步骤 5 的操作。

⑩ 勾选【文本替换】复选框，名称改为"department"，单击【确定】按钮。

⑪ 在 Excel 表格中准备好员工姓名和部门信息。其中第一行的表头一定要与上述步骤中定义的变量名称完全一致，并且在"photo"列中，员工照片名称一定要和本地计算机文件夹中的图片名称一致，且要带上图片格式后缀，如表格中的"小梅 .png"。

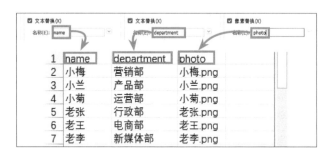

⑫ 在"批量制作工牌练习素材"文件夹中单击鼠标右键，新建一个文本文档，命名为"名单"。

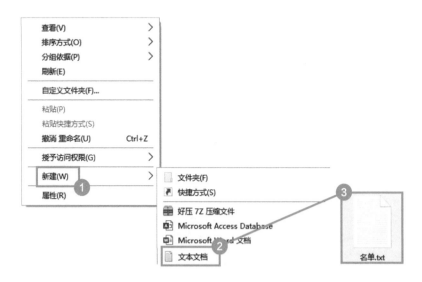

⑬ 按住鼠标左键拖动选中全部表格内容，按快捷组合键【Ctrl】+【C】进行复制，双击打开文本文档"名单 .txt"，按快捷组合键【Ctrl】+【V】进行粘贴，按快捷组合键【Ctrl】+【S】保存文件。

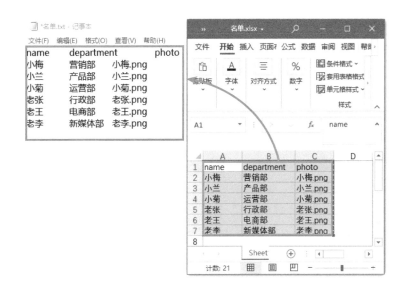

14 回到"工牌底版 .psd"文档，选择【文件】–【导入】–【变量数据组】命令，弹出【导入数据组】面板。

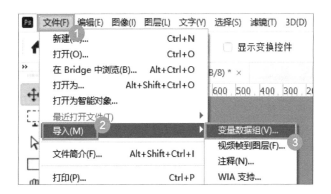

15 单击【选择文件】按钮，选择"名单 .txt"文档，编码选择【Unicode（UTF-8）】，保证中文的正常显示，单击【确定】按钮。

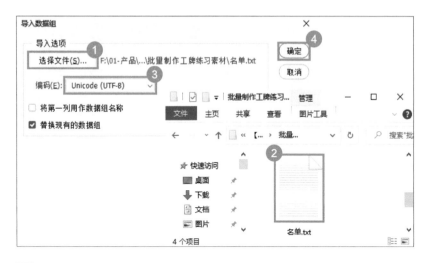

16 选择【文件】-【导出】-【数据组作为文件】命令。

17 单击【选择文件夹】按钮，新建一个名为"PSD"的文件夹，其他保持默认，单击【确定】按钮。

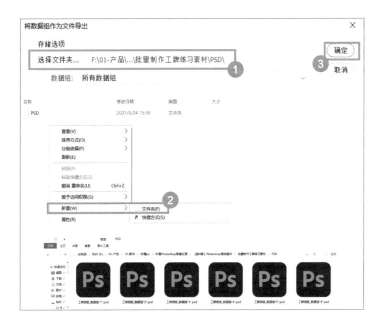

18 选择【文件】-【脚本】-【图像处理器】命令。

19 单击【选择文件夹】按钮，选择"PSD"文件夹，其他保持默认，单击【运行】按钮。

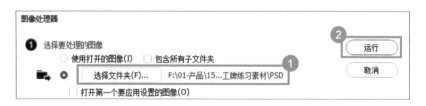

20 "PSD"文件夹中会自动生成一个"JPEG"文件夹，其中存放了刚刚制作好的员工工牌文件。

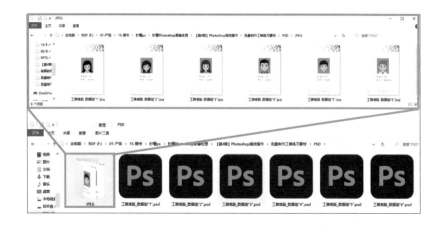

09 如何添加参考线?

1 在 Photoshop 中新建一个文档。

2 按快捷组合键【Ctrl】+【R】调出【标尺】，位于选项栏的下侧和工具栏的右侧。

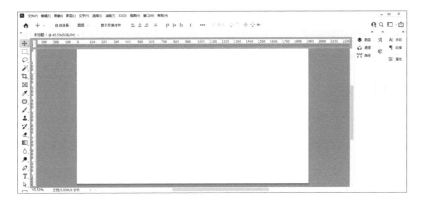

3 将鼠标指针放在左侧标尺上，按住鼠标左键向右拖，释放鼠标左键即可新建一条垂直参考线。

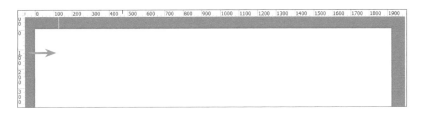

4 将鼠标指针放在顶部侧标尺上，按住鼠标左键向下拖，释放鼠标左键即可新建一条水平参考线。

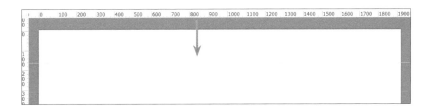

10 如何快速实现元素对齐？

1 在 Photoshop 中打开"元素对齐练习素材 .psd"文件。

2 选中【方块 1】图层，按快捷组合键【Ctrl】+【A】进行全选。

3 单击选项栏中的【水平居中对齐】按钮，方块 1 就移到画布水平方向上的中间。

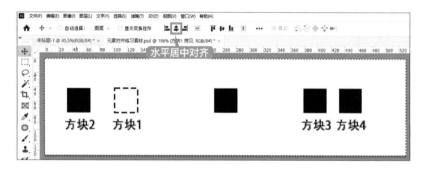

4 按快捷组合键【Ctrl】+【D】取消选区。

5 按住【Ctrl】键，依次单击 4 个方块，4 个方块被全部选中。

6 单击选项栏中的【水平分布】按钮，最左侧和最右侧的方块不动，其他两个方块位置左右移动，实现水平方向上的均匀分布。

按照相同的方法，可以实现各个方向上的对齐。

总结：如果是元素与画布之间的对齐，需要先选中元素，然后按快捷组合键【Ctrl】+【A】，对齐按钮才能被激活。如果是元素与元素之间的对齐，需要选中多个元素，对齐按钮才能被激活。

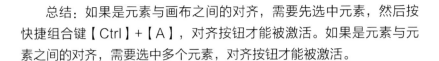

11 如何制作动态 GIF 图？

聊天时会经常使用很多有趣的动态表情包，如何制作这样的表情包呢？

■ 打开 Photoshop，选择【文件】-【导入】-【视频帧到图层】命令。

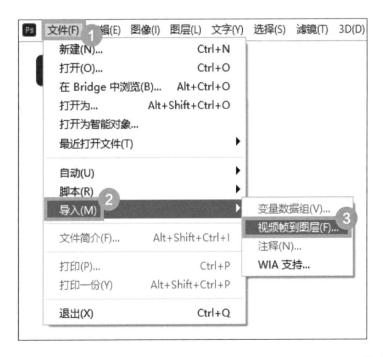

■ 选择"动态表情包练习素材"文件夹中的"可爱的猫咪 .MOV"视频文件，单击【打开】按钮。

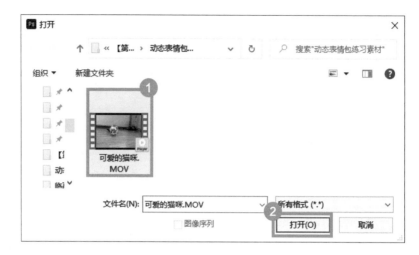

3 勾选【仅限所选范围】复选框，拖动控制视频结尾的滑块到合适位置，选择要保留的部分，单击【确定】按钮。

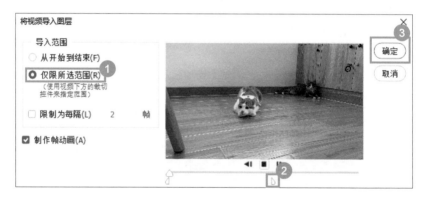

4 选择【裁剪工具】，裁剪画布到合适大小，保留主体部分即可，这样也缩小了图片文件的大小，方便在聊天软件中使用。

5 选择【窗口】-【时间轴】命令，调出【时间轴】面板，能看到每一帧都按顺序排列在时间轴上。

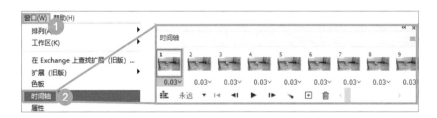

6 选择第 1 帧。

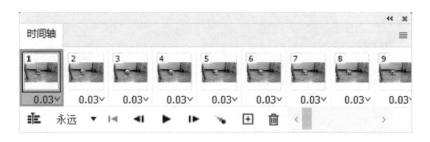

7 选择【文本框工具】，单击【图层】面板最顶部的图层，用【文本框工具】在画布上单击，输入文案并调整文字大小及位置。

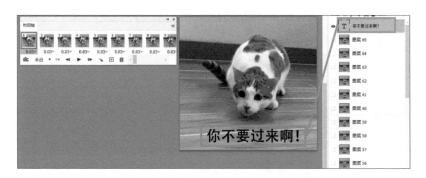

8 选择【文件】-【导出】-【存储为 Web 所用格式（旧版）】命令。

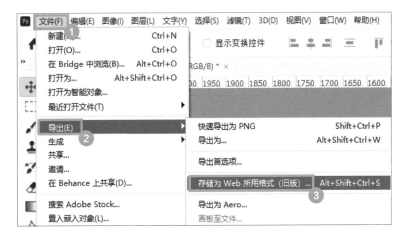

9 保存格式改为【GIF】，图像宽度改为"300"像素，单击【存储】按钮。

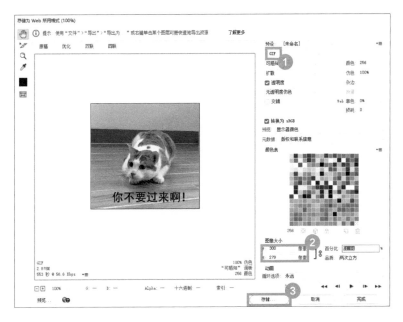

10 选择保存路径并重命名文件，单击【保存】按钮。

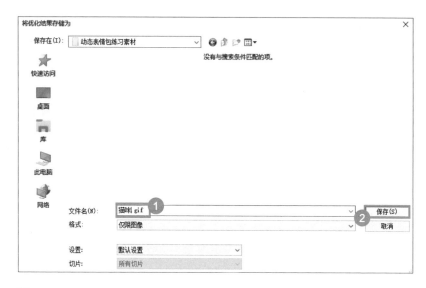

11 将导出的动态表情包拖曳到聊天窗口中并发送，即可使用。

12 如何给文件设置版权保护信息?

为了保护作品版权，可以给 Photoshop 源文件添加版权保护信息，那么该如何操作呢?

1 在 Photoshop 中打开"版权保护练习素材 .psd"文件。

2 按快捷组合键【Ctrl】+【Shift】+【Alt】+【I】调出版权保护界面。

3 在【基本】选项卡中填写文档标题、作者和版权公告等信息。

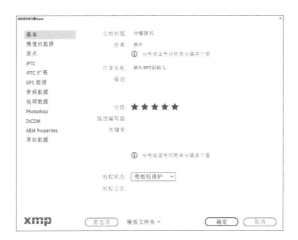

4 在【IPTC】选项卡中可以填写作品的创建者和联系方式等信息。

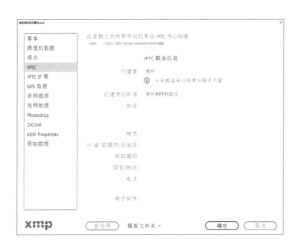

5 如果需要重新设置，可以单击下方的【首选项】按钮，对内容进行重置，然后单击【确定】按钮。

和秋叶一起学

秒懂 Photoshop
图像处理

▶ 第 5 章 ◀
Photoshop 故障处理

使用 Photoshop 的过程中，经常会遇到各种故障问题，如使用一段时间后 Photoshop 运行变慢，无法进行保存等。本章总结了使用 Photoshop 时会高频遇到的 4 种情况的解决方案。

扫码回复关键词【秒懂图像处理】，观看配套视频课程

01 如何防止 Photoshop 突然崩溃或遇到停电而丢失文件？

■ 打开 Photoshop。

■ 选择【编辑】-【首选项】-【文件处理】命令。

■ 勾选【后台存储】复选框，勾选并设置【自动存储恢复信息的间隔】为"5 分钟"，单击【确定】按钮。

02 Photoshop 运行起来非常慢，或提示"暂存盘已满，无法进行保存"或"无法完成请求，因为程序错误"，该怎么解决？

1️⃣ 打开 Photoshop。

2️⃣ 选择【编辑】–【首选项】–【性能】命令。

3️⃣ 拖动调整内存滑块，让 Photoshop 使用的内存占系统内存的 80%左右，将【历史记录状态】改为"20"。

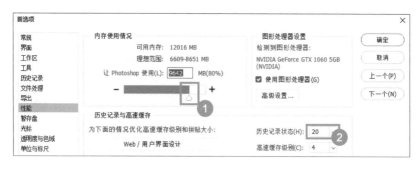

4️⃣ 单击【高级设置】按钮，将【绘制模式】改为【基本】。

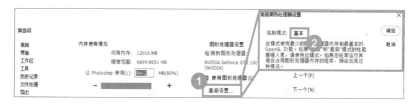

5 切换到【暂存盘】选项卡，将除 C 盘以外的所有盘全部勾选，单击【确定】按钮。

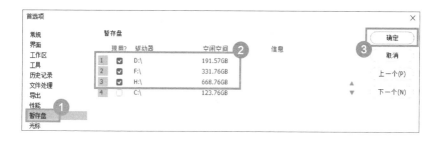

03 Photoshop 打开图片后显示索引且不能新建图层，如何解决？

如果图片格式是 GIF，在 Photoshop 中打开会显示索引，且不能新建图层进行编辑，解决方法如下。

1 在 Photoshop 中打开"索引问题处理练习素材 .psd"文件。

2 选择【图像】-【模式】-【RGB 颜色】命令，文档即可被正常编辑。

04 将图片拖曳到 Photoshop 中打开时，提示"无法完成请求，因为它不是所指类型的文档"，该如何解决？

部分图片格式不能在 Photoshop 中直接打开，需要先转换为 JPG 或 PNG 格式，操作步骤如下。

1 在图片上单击鼠标右键，选择【属性】命令，在打开的面板中选择【详细信息】选项卡，找到图片的格式，本素材格式为".webp"。

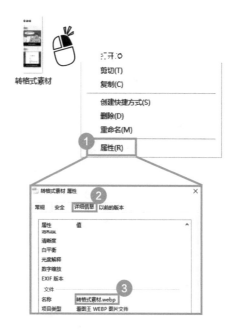

2 在浏览器中打开"ALL TO ALL"（凹凸凹）在线格式转换网站。

3 向下滚动网页，在转换列表中找到并单击【WEBP 在线转换工具】。

免费格式转换工具列表

视频格式	音频格式	图片格式	常用文档
3G2在线转换工具	AAC在线转换工具	3FR在线转换工具	ABW在线转换工具
3GPP在线转换工具	AC3在线转换工具	ARW在线转换工具	DJVU在线转换工具
3GPP在线转换工具	AIF在线转换工具	BMP在线转换工具	DOC在线转换工具
AVI在线转换工具	AIFC在线转换工具	CR2在线转换工具	DOCM在线转换工具
CAVS在线转换工具	AIFF在线转换工具	CRW在线转换工具	DOCX在线转换工具
DV在线转换工具	AMR在线转换工具	DCR在线转换工具	HTML在线转换工具
DVR在线转换工具	CAF在线转换工具	DNG在线转换工具	LWP在线转换工具
FLV在线转换工具	FLAC在线转换工具	EPS在线转换工具	MD在线转换工具
GIF在线转换工具	M4A在线转换工具	ERF在线转换工具	ODT在线转换工具
M2TS在线转换工具	M4B在线转换工具	GIF在线转换工具	PAGES在线转换工具
M4V在线转换工具	MP3在线转换工具	ICNS在线转换工具	PAGES.ZIP在线转换工具
MKV在线转换工具	OGA在线转换工具	ICO在线转换工具	PDF在线转换工具
MOD在线转换工具	OGG在线转换工具	JPEG在线转换工具	RST在线转换工具
MOV在线转换工具	SFARK在线转换工具	JPG在线转换工具	RTF在线转换工具
MP4在线转换工具	VOC在线转换工具	MOS在线转换工具	SDW在线转换工具
MPEG在线转换工具	WAV在线转换工具	MRW在线转换工具	TEX在线转换工具
MPG在线转换工具	WEBA在线转换工具	NEF在线转换工具	TXT在线转换工具
MTS在线转换工具	WMA在线转换工具	ODD在线转换工具	WPD在线转换工具
MXF在线转换工具		ORF在线转换工具	WPS在线转换工具
OGG在线转换工具		PDF在线转换工具	ZABW在线转换工具
RM在线转换工具		PEF在线转换工具	
RMVB在线转换工具		PNG在线转换工具	
SWF在线转换工具		PPM在线转换工具	
TS在线转换工具		PS在线转换工具	
VOB在线转换工具		PSD在线转换工具	
WEBM在线转换工具		RAF在线转换工具	
WMV在线转换工具		RAW在线转换工具	
WTV在线转换工具		SVG在线转换工具	
		SVGZ在线转换工具	
		TIF在线转换工具	
		TIFF在线转换工具	
		WEBP在线转换工具	
		X3F在线转换工具	
		XCF在线转换工具	
		XPS在线转换工具	

4 选择【WEBP 转 JPG 在线转换】。

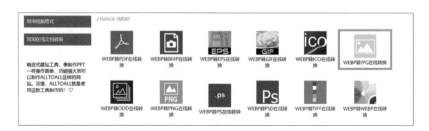

5 单击【点击这里上传文件】按钮，上传图片后会自动进行格式转换，单击【下载】按钮。

6 在浏览器的下载文件夹中找到转换后的图片，拖入 Photoshop 中即可正常打开。